普通高等教育“十二五”规划教材

油料学与炼油技术

戴跃玲 编著

中国石化出版社

内 容 提 要

本书主要介绍了石油的化学组成、石油及油品的物理性质以及原油的分类及国产原油的性质；在石油的炼制方法方面，介绍了原油的预处理、常减压蒸馏、催化裂化、燃料产品精制、润滑油的生产过程；在石油产品应用方面，介绍了燃料的使用要求和规格、润滑油的使用要求与质量标准，润滑脂、石油添加剂及油料的管理与性质调整等。

本书可作为石油储运专业的学生使用，也可作为相关人员的参考书。

图书在版编目（CIP）数据

油料学与炼油技术 / 戴跃玲编著 .
—北京：中国石化出版社，2011.4（2022.3 重印）
（普通高等教育“十二五”规划教材）
ISBN 978-7-5114-0859-4

Ⅰ. ①油… Ⅱ. ①戴… Ⅲ. ①石油炼制
Ⅳ. ① TE62

中国版本图书馆 CIP 数据核字（2011）第 051377 号

中国石化出版社出版发行
地址：北京市东城区安定门外大街 58 号
邮编：100011 电话：(010)57512500
发行部电话：(010)57512575
http://www.sinopec-press.com
E-mail：press@sinopec.com
北京艾普海德印刷有限公司印刷
全国各地新华书店经销
*
787×1092 毫米 16 开本 9.75 印张 230 千字
2011 年 4 月第 1 版 2022 年 3 月第 3 次印刷
定价：26.00 元

前　言

本书主要阐述了石油及其产品的化学组成和性质、石油的炼制方法以及石油产品应用等方面的知识。

本书作为石油储运专业即非炼油专业学生的参考书，内容力求结合专业的实际需要，加强基本概念和基本理论，着重介绍国产石油及其产品的性质、组成和质量标准及我国的石油炼制工业的发展。

本书参考了前辈的相关书籍，在此表示感谢，并感谢在写作过程中孙金阳等人的帮助。感谢辽宁石油化工大学领导的支持和帮助。由于本人水平有限，时间仓促，书中不足之处在所难免，欢迎读者批评指正。

作　者

目　　录

第一篇　石油及其产品的化学组成和性质

第二篇 石油的炼制方法

第三篇 石油产品应用

第一篇
石油及其产品的化学组成和性质

第一章　石油的化学组成

石油即原油是刚开采出来未经提炼或经过加工的物质。其中天然石油是由于古代地球的变迁，动、植物被压在地球内，在缺氧及高温高压的情况下逐渐形成的；人造石油是通过煤、页岩进行干馏、煤加氢或水煤气合成等人工方法生产的。石油通常是黏稠的液体，颜色与产地有关，黄色至棕色，甚至黑色，带有荧光，颜色越深其密度越大。

第一节　石油的元素组成

石油中的主要元素是碳和氢，总含量96%~99%，其中碳占83%~87%，氢占11%~14%。其次是氧、氮、硫，一般占1%~4%，人造石油中的含氮量比天然石油多。石油中还含有一些微量元素，如铁、镍、铜、钒、铅、氯、碘、钾等，含量少，以μg/g或ng/g计。石油的元素组成由于产地的不同含量也会不同。见表1-1-1某些石油的元素组成。

表1-1-1　某些石油的元素组成　　%

元　素	C	H	S	N	O	H/C(原子比)
大庆混合原油	85.70	13.30	0.11	0.15	0.69	1.86
孤岛原油	84.20	11.70	2.03	0.47	1.52	1.67
江汉原油	84.90	12.20	2.09	0.47	1.63	1.72
克拉玛依原油	86.10	13.30	0.04	0.25	0.28	1.85
墨西哥原油	84.20	11.40	3.60	—	0.80	1.62

第二节　石油的烃类组成

石油中的元素都是以化合物的状态存在，其中主要是烃类化合物，有烷烃、环烷烃和芳香烃，天然石油中不含烯烃。烃类一般的特性是相对密度小于1，易燃，难溶于水，溶于有机溶剂，除烯烃外性质都很安定，沸点、熔点随相对分子质量增加而升高，有一定的吸水性，吸水性最强的是芳香烃。表1-1-2列出了几种烷烃的性质。

表1-1-2　几种烷烃的性质

名　称		分子式	相对分子质量	20℃密度/(g/cm^3)	熔点/℃	沸点/℃
正构烷烃	丁烷	C_4H_{10}	58.124	0.5790	-135	-0.50
	戊烷	C_5H_{12}	72.151	0.6260	-130	36.10
	己烷	C_6H_{14}	86.178	0.6590	-95	68.70
	庚烷	C_7H_{16}	100.201	0.6840	-91	98.40
	辛烷	C_8H_{18}	114.232	0.7030	-57	125.70
异构烷烃	2-甲基丁烷	C_5H_{12}	72.151	0.6197	-159.91	27.84
	2,2-二甲基丙烷	C_5H_{12}	72.151	0.5910	-16.57	9.50
	2-甲基己烷	C_7H_{16}	100.205	0.6786	-118.27	90.05
	2-甲基庚烷	C_8H_{18}	114.232	0.6919	-108.99	117.65
	2,2,4-三甲基戊烷	C_8H_{18}	114.232	0.6919	-107.37	99.24

石油是非常复杂的混合物，通过分馏的方法可以把混合物分开，由于不是纯的物质，石油没有固定的沸点，分离石油只是把其中的物质分成不同沸点范围的石油馏分。

一、石油馏分烃类组成表示法

1. 单体烃组成

单体烃组成是以石油馏分中每一种单体化合物的含量表示其组成的方法，如汽油馏分中苯的含量、已烷的含量、甲苯的含量、环己烷的含量等。

由于石油高沸点馏分中单体烃的数目极为繁多，而且性质也很接近，以单体烃表示其组成非常复杂，另外，分析出各种烃的具体结构数目非常困难，而且没有意义。因此，此法只限于阐述石油气及石油低沸点馏分的组成时采用。

2. 族组成表示法

族组成表示法是以石油馏分中所含主要各类烃的百分数来表示其组成的方法。因为石油组成复杂，其烃的类别在石油馏分中所含百分数不能仔细描述，分成哪些烃类取决于分析方法以及分析要求，一般以烷烃、环烷烃和芳香烃的含量来表示，但不是绝对的。如分析裂化汽油的族组成，由于其中含有许多不饱和烃，所以，除上面各类烃含量外，还要加上不饱和烃的含量。

3. 结构族组成表示法

石油烃类都是由烷基、环烷基和芳香基的结构单元组成。结构族组成是以不同基团所含碳数的百分数来表示组成的方法。如 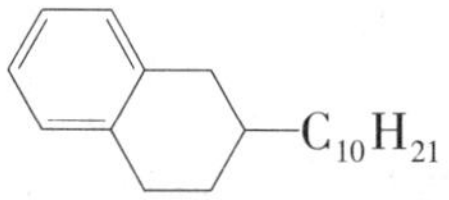

烃，用族组成表示法不好分类。由结构族组成表示法，该烃是由芳香环、环烷环和烷基侧链三种结构单元所组成，这三种结构单元在分子中所占的含量可以用芳香环上的碳原子数占分子总碳原子数的百分数（C_A）、环烷环上的碳原子数占分子总碳原子数的百分数（C_N）和烷基侧链上的碳原子数占分子总碳原子数的百分数（C_P）来表示，再加上总环数（R_T）、芳香环数（R_A）和环烷环数（R_N），列出这些数据，即为该烃的结构族组成。

例 1-1-1 计算 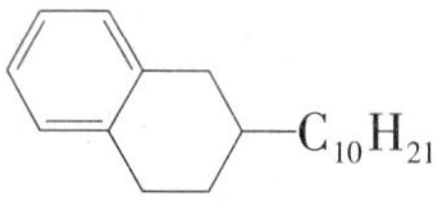

化合物的结构族组成。

解： $C_A = 6/20 \times 100\% = 30\%$

$C_N = 4/20 \times 100\% = 20\%$

$C_P = 10/20 \times 100\% = 50\%$

$R_T = 2$

$R_A = 1$

$R_N = 1$

由以上几项描述了此分子的结构族组成。

由于石油馏分中烃类组成结构复杂，在分析中难以得到各种烃的具体结构，用结构族组成表示时，要将整个馏分当作一个平均分子看待，每项都是对平均分子而言。因为石油及产品的组成直接影响其性质，因此，由石油馏分物理性质的测定，查经验图即可得到石油馏分的结构族组成。

二、石油汽油馏分的烃类组成

石油汽油馏分是由 $C_5 \sim C_{11}$ 的各种烃组成，平均相对分子质量为 100 左右，沸程为初馏点~200℃。

1. 直馏汽油馏分的单体烃组成

直馏汽油馏分中单体烃大约 20 种左右。如大庆 60~145℃直馏汽油馏分中主要约 20 种单体烃，其含量占该汽油馏分质量的 71.41%；任丘原油初馏点~130℃直溜汽油馏分主要约 19 种单体烃，其含量占该馏分质量的 64.53%。因此，汽油可以用单体烃表示其组成。汽油单体烃组成中正构烷烃含量比较多；环烷烃中以甲基取代物为最多，尤其是甲基环己烷含量较多；环己烷含量比环戊烷含量高；芳香烃的总含量比较少，甲基苯一般比苯含量高。

2. 直馏汽油馏分的族组成

直馏汽油馏分中烷烃和环烷烃占绝大部分，芳香烃含量一般不超过 20%，随着沸点的增高，芳香烃的含量逐渐增加。

三、石油中间馏分的烃类组成

石油中间馏分是由 $C_{12} \sim C_{25}$ 的各类烃组成，沸点为 200~400℃左右，其中大于 C_{16} 的直链烷烃为固体蜡，生产中间馏分油时要脱除。

中间馏分由于烃种类多，结构复杂，不能用单体烃组成表示。中间馏分中含有烷烃、单环环烷烃和单环芳香烃，还含有双环、三环环烷烃及双环和三环芳香烃，还存在着环烷-芳香的混合烃。石油中间馏分的烃类组成随产地不同而族组成不同，如大庆 300℃前馏分中，重芳烃（三环芳烃以上）含量极少；而孤岛 300~350℃馏分的重芳烃含量相当可观（13.21%）。与美国加州柴油馏分（200~343℃）族组成相比较，我国大部分原油的柴油馏分中含烷烃很高，其中正构烷烃含量占 23%~41%，环烷烃及芳香烃在我国原油的中间馏分中含量较少。在中间馏分中随沸点的升高，其芳香环的环数逐渐增加，环上碳原子数也相应增加，且环上侧链的碳原子数增加比环上碳原子数增加的多。

四、石油高沸点馏分的烃类组成

石油高沸点馏分是通过减压蒸馏得到的，其中含有 $C_{20} \sim C_{35}$ 的各类烃，沸程为 350~500℃左右，其中液体作为润滑油馏分，常温常压下的固体部分是石蜡。

高沸点馏分中烃的种类繁多，结构更复杂。烷烃包括正、异构烷烃；环烷烃从单环直到六环甚至高于六环的带有环戊烷或环己烷的环烷烃，以稠合类型为主；芳香烃除了包括单环、双环、三环芳香烃外，还含有四环甚至多于四环的芳香烃；还有环数不等，多于 5~6 个环的环烷-芳香混合烃，它们主要也是稠合型的。石油高沸点馏分中的烃类随着沸点的升高，链烷烃含量降低，芳香烃的含量逐渐增加。

第三节　石油中的非烃类化合物

石油中的主要成分是烃类化合物，但在石油中还含有相当数量的非烃类化合物，含量可高达 10%~20%，不容忽视。非烃类化合物的存在对石油加工及产品的使用性能影响很大，特别是硫化物及氮化物影响更大，甚至成为加工过程中的主要矛盾。石油加工过程中，绝大多数的精制过程都是为了解决非烃化合物的问题。为了能正确解决石油的加工和产品使用中的一些问题，必须对石油中的非烃类化合物的化学组成有深刻的认识。

一、含硫化合物

硫是石油中的组成元素之一。不同产地石油的含硫量相差很大，从万分之几到百分之几。因为硫化物对石油加工影响极大，所以含硫量常作为评价石油的一项重要指标。

硫在石油馏分中的分布是随着石油馏分沸点的升高而增加，产地不同，含硫量也不相同。表 1-1-3 列出了硫在不同馏分中的分布。

表 1-1-3　硫在不同馏分中的分布　　%

馏　分	原油	≤200℃	200~350℃	350~500℃	≥500℃
大庆混合原油	0. 10	0. 02	0. 045	0. 055	0. 17
胜利混合原油	0. 80	0. 15	0. 32	0. 47	1. 26

含硫化合物中有一部分含硫物对热不稳定，在原油蒸馏过程中容易分解成小分子的硫化物，因而测定蒸馏产物中含硫化合物的状况不能正确反映原来石油馏分中硫化物的真正分布情况。石油中的硫化物分为活性硫化物和非活性硫化物。

1. 活性硫化物

活性硫化物是指能腐蚀金属，与金属直接作用的硫化物。石油中的活性硫化物有单质 S、H_2S、RSH 等。

单质 S 和 H_2S 多是其他含硫化合物分解的产物(在 120℃左右温度下有些含硫化合物已开始分解)，单质 S 和 H_2S 可互相转化，H_2S 被空气氧化可生成单质 S，单质 S 与石油中的烃类作用也可生成 H_2S 及其他硫化物(一般在 200~250℃以上就可以进行这种反应)。

RSH 在石油中的含量不多，它们的沸点较相应的醇类低得多，因此，RSH 多存在于低沸点馏分中，已经从汽油馏分中分离出十多种 RSH，但在高沸点馏分中未发现有 RSH 的存在。RSH 中的 R 可以为烷基、环烷基和芳香基(硫酚)。RSH 不溶于水，低分子甲硫醇、乙硫醇具有极强烈特殊的臭味，空气中浓度为 $2.2\times10^{-12}g/m^3$时，人的嗅觉就可以感觉到。

2. 非活性硫化物

非活性硫化物不能直接与金属作用。石油中的非活性硫化物有 RSR′、RSSR′、噻吩()及同系物。

RSR′是石油中含量较多的硫化物之一。其为中性液体，热稳定性较高，与金属不发生作用，含量随着馏分沸程上升而增加，大量集中在煤油和柴油馏分中。RSR′中的 R 可以是烷基，也可以是环烷基。当 R 是环烷基时也称环硫醚，环硫醚是硫原子在环结构上的硫醚，在石油中只发现五员及六员环的硫醚，此外，还分离出一些多环的硫醚，有单环、双环及三环硫醚等，环硫醚的热稳定性相当高，在蒸馏过程中不分解，对金属没有作用，但能与重金属盐类生成络合物。

RSSR′在石油馏分中含量较少，较多集中于高沸点馏分中。它呈中性，不与金属作用，但热安定性较差，受热后分解成 RSR′、RSH 或 H_2S。

噻吩及其同系物是一种芳香性的杂环化合物，热稳定性较高，是石油中主要一类含硫化合物。其物理化学性质与苯系芳香烃很接近，如易溶于浓硫酸中、容易被磺化等。噻吩没有难闻的气味，因为对热的稳定性高，故在热分解产物中含量相当高，一般认为噻吩及其同系物是热分解的产物，在中间及高沸点馏分中已分离出许多噻吩的同系物，这些物质都是有毒的。

3. 含硫化合物对石油加工及产品应用的影响

(1) 对金属的腐蚀。加工含硫油时，活性硫化物可直接腐蚀金属，非活性硫化物受热可转化为活性硫化物腐蚀金属。

活性硫化物在高温下很容易与金属作用，如当温度达到350~400℃左右时，单质S很活泼，很容易和普通钢材生成硫化亚铁：

$$Fe+S \longrightarrow FeS$$

RSH也能直接与铁作用生成硫醇铁：

$$2RSH+Fe \longrightarrow (RS)_2Fe+H_2\uparrow$$

这类的腐蚀多发生在炼油厂中常压塔底、减压塔底、焦化塔底等温度较高的部位。

如果原油中含硫又含水，会对金属设备造成更严重的腐蚀。因为各种硫化物受热分解产生 H_2S；水中含有 $MgCl_2$、$CaCl_2$等盐，它们水解生成HCl，HCl会造成金属的腐蚀，若含硫又含水，在HCl的作用下又生成活性硫化物，造成恶性循环，对金属设备的腐蚀更严重。

$$Fe+H_2S \longrightarrow FeS+H_2$$

$$FeS+2HCl \longrightarrow FeCl_2+H_2S$$

因此，一般加工石油前要进行原油的脱盐脱水。

含硫化合物除在加工中对设备腐蚀，在石油及其产品储存运输和使用中，虽然不是高温状态，但也会逐渐地腐蚀金属设备及容器。

另外，含硫石油产品燃烧后生成 SO_2、SO_3，遇水转化成硫酸，对金属设备、零部件等造成腐蚀。

(2) 对产品性能的影响。含硫化合物对石油产品使用性能有不良的影响，如使汽油的抗爆性变差等。

(3) 对炼厂工人健康的危害。在石油加工中，生成 H_2S 及低分子硫醇等恶臭有毒的气体，造成空气污染；噻吩及其同系物是非常有毒的物质，对人体危害极大。

(4) 影响油品的安定性。硫化物的存在，严重影响油品的储存安定性，加速油品的变质。

(5) 对催化剂的影响。硫是金属催化剂的毒物，如硫会使铂重整所使用的催化剂中毒，失去活性，所以重整原料的含硫量必须受到限制。

(6) 对环境的污染。硫化物燃烧后，生成 SO_2，污染大气，影响健康，因此，环保部门要进行环境污染控制。

4. 硫化物在各种油料中分布的情况

石油中的含硫化物在各油料中的分布为：

汽油馏分——中间馏分——重质馏分

←————硫醚————→

←————噻吩及同系物————→

←————硫醇————→

←——硫化氢、单质硫——→←二硫化物→

二、含氧化合物

石油中的含氧量一般都很少，大约在千分之几的范围内，也有个别石油含氧量高达2%~3%。石油中的含氧量由于产地的不同而不同，随馏分加重而增加，大部分集中在胶状沥青状物质中，因此，多胶的重质石油含氧量一般比高。石油中的含氧化合物分为酸性氧化物和中性氧化物。中性氧化物有醛、酮等，它们在石油中含量极少，影响不大，在这里不讨论。酸性氧化物有环烷酸、脂肪酸以及酚类，总称为石油酸。

1. 环烷酸

在石油的酸性氧化物中，以环烷酸最为重要，它约占石油酸性氧化物的90%左右，其含量随石油的产地不同而异，一般占石油的1%以下，如我国克拉玛依原油中环烷酸含量为0.48%。环烷酸的分布规律很特殊，中间馏分(沸程约为250~350℃)环烷酸含量最高，而低沸点及高沸点馏分中环烷酸含量都较低。环烷酸的结构主要是五员环，也有少量六员环。

环烷酸显弱酸性，能腐蚀金属设备，腐蚀后生成环烷酸盐。另外，环烷酸会使油品易氧化变质，因此，在油品中是有害的。石油中的环烷酸一般用碱洗的方法除去。

环烷酸是重要的化工原料。煤油和柴油馏分的碱洗废液中含有较多的环烷酸钠，将它们分离出来，可作为肥皂(硬脂酸钠)的代用品，称为环烷酸皂；或将碱洗废液中的环烷酸钠用硫酸酸化后，分出粗环烷酸，它具有很强的杀菌力，可以用作防腐剂。

2. 酚类

在石油酸性氧化物中还有酚类，如苯酚、萘酚及其同系物。它们的含量都很少，一般不超过酸性氧化物总量的10%。二次加工产品中，如催化裂化和焦化汽油、柴油中的氧化物，则以酚类为主，其含量较直馏汽油、柴油馏分高得多。

酚类有毒，能污染水质、农作物及水产品，能使人体细胞蛋白质凝固，刺激黏膜，对神经、肾、肝、胃均有害，口服2~15g即可致命。因此，环保部门要求污水排放标准为含酚≤0.2mg/kg。炼油厂污水排放前必须处理除去酚类物质。

3. 脂肪酸

石油中脂肪酸含量甚微。含有甲、乙、丙、丁、异丁、异戊、庚酸等，以及C_{12}~C_{20}的偶数碳原子的直链高级脂肪酸。

三、含氮化合物

石油元素组成中氮的含量一般在万分之几至千分之几。随原油的产地不同含氮量也不相同，大庆原油含氮量最少，只有0.15%；孤岛原油含氮量高达0.47%。大部分氮是以胶状沥青状物质状态存在于渣油中，人造原油的含氮量较高。石油中氮化物分为碱性氮化物和非碱性氮化物。

1. 碱性氮化物

碱性氮化物是指能用高氯酸在醋酸溶液中滴定的氮化物。

已从石油中分离并鉴定出的碱性氮化物有吡啶 、喹啉 、异喹啉 、丫啶(氮杂蒽) 及其同系物。碱性氮化物能与无机酸反应生成盐。

2. 非碱性氮化物

非碱性氮化物是指不能用高氯酸滴定的氮化物。

已从石油中鉴定出来的非碱性氮化物有吡咯 、吲哚 、咔唑 及其同系物。它们具有弱酸性，能与金属反应生成盐；在浓硫酸中能聚合成胶质；与强酸作用显弱碱性。

3. 氮化物的危害

氮化物影响油品的质量，在储存运输中易形成胶质，使油品变色，气味变臭，使用中易在汽缸中形成积炭。

四、胶状和沥青状物质

在石油非烃类化合物中，有很大一类物质是胶状沥青状物质，它们在石油中的含量相当可观，我国各主要原油中含胶状沥青状物质大约百分之十几至四十几。

胶状沥青状物质是石油中结构最复杂、相对分子质量最大的物质。在其组成中，除了含碳、氢外，还含有硫、氧、氮或微量元素等，结构复杂，理化性质不均匀，热稳定性差，不能从分子类型和结构上研究清楚。大多数研究是根据胶状沥青状物质在不同溶剂中的溶解度不同及它的物理性质的差异进行分类，由于研究的方法和采用的溶剂不尽相同，因此结果各有差异。

1. 中性胶质

中性胶质是黏稠半液态的胶状物质，中性，平均相对分子质量约600～800，最大可达1000，C/H＝8～9(分子比)，相对密度稍大于1，安定性很差，受热氧化，进一步聚合成沥青质。能很好地溶于石油馏分、苯、氯仿和二硫化碳中，不溶于酒精。

2. 沥青质

沥青质是黑色很脆的固体物质，中性，平均相对分子质量约2000或更大，C/H＝10～11(分子比)，杂原子较多，稠环芳烃占优势，相对密度大于1，进一步聚合成焦炭。能溶于苯、氯仿和二硫化碳中，不溶于低沸点的饱和烃(石油醚、正庚烷等)和酒精。

3. 沥青质酸

沥青质酸物理特性类似于胶质，与胶质不同的是具有酸性特征，相对密度大于1，在加热到某一温度时，沥青质酸会变成酸酐。它能溶于碱、酒精、氯仿和苯中，不溶于石油醚和正庚烷。

石油中胶状沥青状物质的基本成分是中性胶质和沥青质，它们均具有很强的染色能力，是使油品颜色变深的原因。中性胶质、沥青质和高分子稠环烃类之间相互存在着联系，如在氧化含有高分子稠环烃类的重质石油馏分时，生成了中性胶质，而中性胶质进一步氧化，形成沥青质，沥青质进一步氧化生成焦炭。

第四节　各类化合物在石油中的分布

图1-1-1是某原油各馏分中各族烃的相对含量，原油不同各种烃的分布并不一样，但分布规律大体类似：

(1) 低沸点馏分中，烷烃和环烷烃含量较多，其中正构烷烃含量相对更多一些，芳香烃含量一般约10%左右。

(2) 随着沸点的升高，馏分变重，芳香烃的含量相对增加，烷烃的含量相对减少。

(3) 胶状沥青状物质集中在残渣油中。

非烃类化合物的分布是随着石油馏分沸点的升高其含量均逐渐增加。大部分含硫、含氧、含氮化合物以及胶质和全部沥青质都集中在石油的渣油中。石油中的环烷酸分布很特

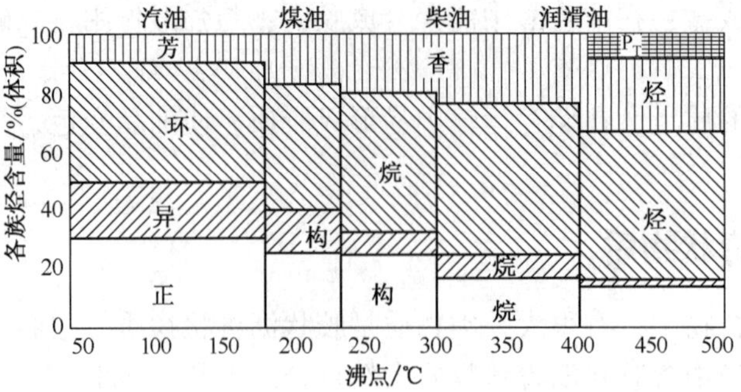

图 1-1-1　某原油各馏分中各族烃的相对含量

殊，在轻馏分和重馏分中含量都很少，主要集中在煤油和柴油馏分中，通常在 250~350℃馏分中含量最多。

原油组成中除了上述的烃类及非烃类以外，常含有水分和机械杂质等，它们有些是直接从开采中带来的，有些是储存运输中混入的，也是石油组成的一部分。必须防止水分和机械杂质的混入，这些物质对石油加工及产品质量是有害的。

第二章　石油及油品的物理性质

石油及其产品的性质是生产和科研中评定油品质量、控制生产的重要指标，也是储存运输过程中应当遵循的重要指标，是工艺设计和计算的依据。

对石油及油品的性质应注意两点：

（1）油品的性质是所含各类烃性质的综合表现，其性质具有各类烃的综合性。

（2）油品性质测定是在特定仪器和规定条件下进行的，离开了条件就没有意义，如闪点是油品的一个性质，分为开杯闪点和闭杯闪点，因为开杯闪点和闭杯闪点相差很大，所以离开了开杯和闭杯这个条件就没有意义了。

第一节　蒸气压、馏程

蒸气压和馏程是石油及其产品蒸发性能的指标。如汽车停车灭火后打不着火，或是由于天气冷，或是由于燃料所要求的蒸发性不好；汽车爬坡爬不上去，可能由于燃料的蒸发性不好，燃料气供不应求；如果燃料的蒸发性差，剩下的液体油燃烧不完，流到润滑油系统中，不仅使燃料的耗量增大，还破坏了润滑油的作用；不能蒸发的燃料容易结焦，对发动机产生磨损。另外，如果油品太轻，容易蒸发，会产生气阻现象，中断燃料的供给，会使发动机停止工作。在石油和油品的输送和储存中，油品蒸发会造成管路中气阻以致油品装卸困难；油品中轻组分大量蒸发降低了油品质量并增加了油品的蒸发损耗。因而要保证油品的蒸发性能，还不要发生气阻，就要求油品有一定蒸发性能的指标。

一、蒸气压

蒸气压是指在某一温度下，液体与液体上方的蒸气呈平衡状态时，该蒸气所产生的压力，称饱和蒸气压或简称蒸气压。蒸气压的高低表明了液体中的分子逃离液体，汽化或蒸发的能力，蒸气压越高表明液体越易汽化。在油品的规格标准中，要求蒸气压不能大于一定的值，防止油品过轻产生气阻现象。

1. 纯烃的蒸气压

对同一族烃类，在相同的温度下，随烃类沸点的增高，其蒸气压变小；对于某一纯烃，其蒸气压随温度的升高而增大。

当体系的压力不太高，液体摩尔体积与蒸气摩尔体积相比较可以忽略，假定蒸气符合理想气体定律，则纯化合物的蒸气压与温度的关系，可以用克劳修斯-克拉伯隆公式表示：

$$\mathrm{d}\ln P/\mathrm{d}T = \Delta H/RT^2 \qquad (1-2-1)$$

式中　ΔH——汽化潜热，J/mol；

R——气体常数，8.3143J/(mol·K)；

P——物质在 T_K 时的蒸气压，Pa。

当温度变化范围很小时，ΔH 可视为常数，则 $\ln P$ 与 $1/T$ 呈线性关系：

$$\lg\frac{P_1}{P_2} = \Delta H/2.303R \times (1/T_2 - 1/T_1) \qquad (1-2-2)$$

此式可以把一种物质在某一温度下的蒸气压换算到另一温度下的蒸气压。也可以查经验图得出某物质在不同温度下的蒸气压。

2. 烃类混合物及石油馏分的蒸气压

如果已知油品的烃组成，体系压力不高，气体近似理想气体，液体近似理想溶液，则混合物总蒸气压可用道尔顿-拉乌尔定律求得：

$$P_{混} = \Sigma P_i \cdot X_i \qquad (1-2-3)$$

式中 $P_{混}$——混合物的蒸气压，Pa；

P_i——i 组分的蒸气压，Pa；

X_i——i 组分的摩尔分率。

由于混合物的平衡液相组成(X_i)不是固定不变的，它随汽化率增大而变重，因而烃类混合物的蒸气压不仅随温度变化，而且随汽化率不同而改变。石油及其油品的组成十分复杂，难以确定其单体烃的含量，因而无法用上述公式计算其蒸气压。石油馏分的蒸气压有两种表示方法：

(1) 泡点蒸气压。又叫真实蒸气压，即在泡点时或汽化率为零时的蒸气压，在工艺计算中常用。泡点指的是液体混合物在一定的压力下被加热到某一温度时，液体开始汽化，形成第一个气泡时的温度。

(2) 雷特蒸气压。在油品规格标准中所用，是条件蒸气压在38℃温度下，气体体积∶液体体积=4∶1条件下所测得的最大平衡压力(GB/T 8017)。

有时为了估算原油、汽油及其他油品在储存温度下的真实蒸气压，可以根据已测得的雷特蒸气压由图1-2-1、图1-2-2求得。

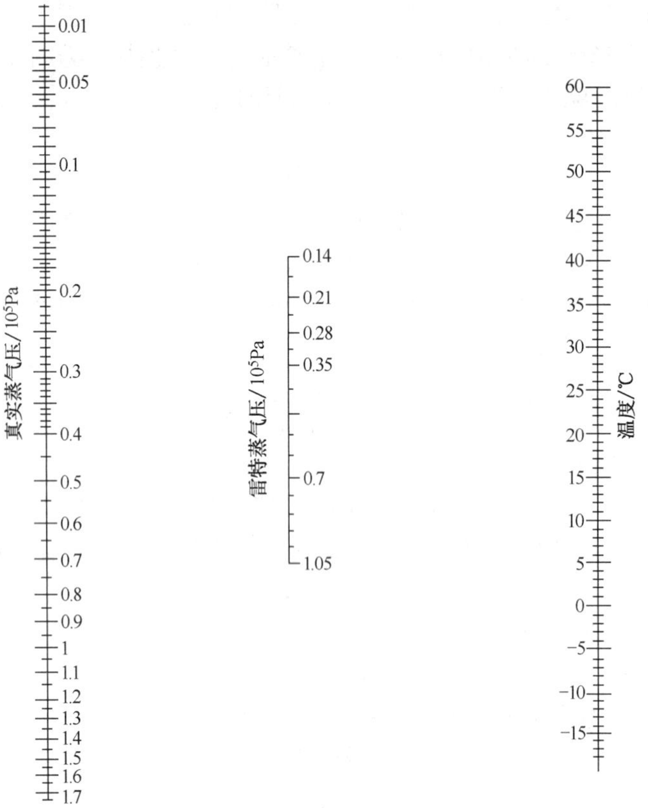

图1-2-1 原油蒸气压图

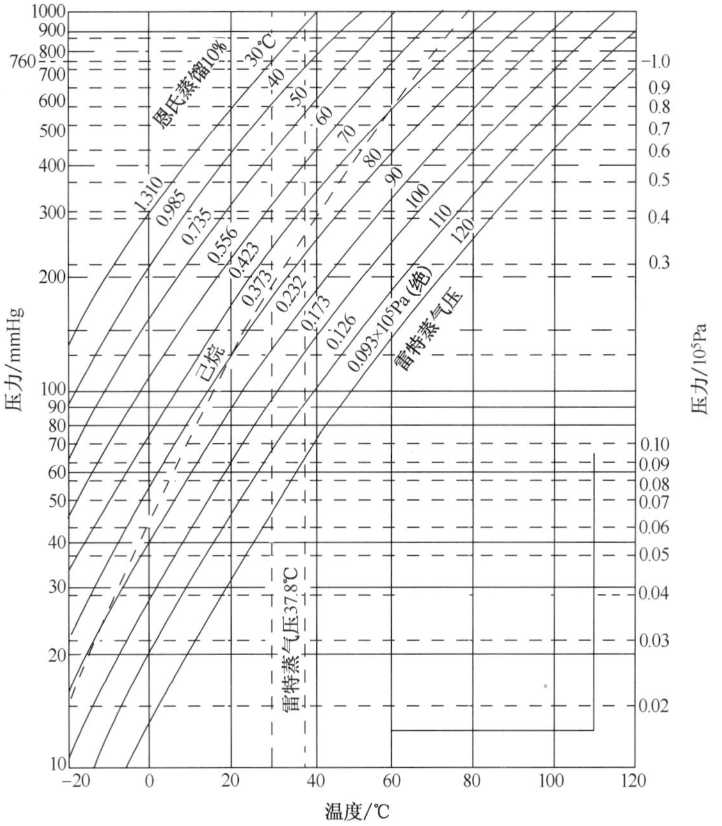

图 1-2-2　汽油真实蒸气压图

(1mmHg=133.322Pa)

如果知道汽油的恩氏蒸馏 10%点馏出温度和雷特蒸气压，由图 1-2-2 求出一定温度下的真实蒸气压，这对油库计算汽油蒸发损失等十分方便。

例 1-2-1　已知某汽油的雷德蒸气压为 0.24×10^5Pa，求其 30℃时的真实蒸气压。

解：在图 1-2-2 中通过横坐标上 30℃点作一垂直线与雷德蒸气压为 0.24×10^5Pa 的曲线相交于一点，通过此点作水平线与纵坐标相交，得到真实蒸气压值为 130mmHg，即 0.173×10^5Pa。

二、馏程

纯物质在一定的外压下加热，当加热到某一温度时，其饱和蒸气压等于外界压力，此时，在气液界面和液体内部同时出现汽化现象，这一温度称为沸点。

石油馏分在一定的外压下加热时，其残液的蒸气压随汽化率的增加而不断下降，所以其沸点表现为一定宽度的温度范围，这个温度范围称为馏程(或沸程)。

在生产控制和工艺计算中常使用简便的恩氏蒸馏。在恩氏蒸馏设备中按规定条件加热，当馏出第一滴冷凝液时的气相温度，称为初馏点。蒸馏过程中，烃类分子按沸点从低到高的顺序逐渐蒸出，气相温度也逐渐升高，当馏出物的体积为 10%、20%、…、90%时的气相温度，分别称为 10%点、20%点、…、90%点，蒸馏到最后所能达到的最高气相温度，称为终馏点或干点(GB/T 6536)。从初馏点到干点这一温度范围就是该油品的馏程。表 1-2-1列出了两种油品的馏程数据。

表 1-2-1　两种油品的馏程数据

馏　　分	汽油馏分/℃	煤油馏分/℃	馏　　分	汽油馏分/℃	煤油馏分/℃
初馏点	42	197	60%点	151	254
10%点	78	205	70%点	159	263
20%点	109	222	80%点	168	275
30%点	126	231	90%点	180	287
40%点	137	239	干点	196	302
50%点	145	247	残留量及损失/%	1.0	—

第二节　相对密度和密度

石油及油品的组成不同，其相对密度和密度不同，因此，利用石油及油品的相对密度和密度可以大致判断其组成。

一、概念

1. 物质的密度

物质的密度是指该物质单位体积在真空中的质量。通常以 g/cm^3 或 kg/m^3 为单位，以 ρ 来表示。

$$\rho = m/v \tag{1-2-4}$$

2. 物质的重度

物质的重度是指该物质单位体积的重量。工程上通常以 kgf/m^3 为单位，以 γ 来表示。

$$\gamma = P/v \tag{1-2-5}$$

3. 液体油品的相对密度

液体油品的相对密度是油品的密度与规定温度下水的密度之比。是无因次的，常以 d 来表示。

$$d = \rho_{油}/\rho_{水} \tag{1-2-6}$$

当压力为 1atm 时，4℃水的密度为 $1g/cm^3$，此时油品的相对密度与密度数值相同，但概念和单位是不相同的。

二、相对密度的表示方法

因为水在 4℃时的密度为 $1g/cm^3$，所以常以 4℃水为基准，以 $d_4{}^t$ 表示 t℃时油品密度与 4℃时水的密度之比，在数值上等于该液体油品 t℃时的密度，这是我国常用的表示方法。d_4^{20} 表示 20℃时油品密度与 4℃时水的密度之比，称为标准相对密度，在石油和产品的规格标准及计算中常用。国外常用 $d_{60℉}^{60℉}$ 表示 60℉时油品密度与 60℉时水密度之比，我国改写为摄氏温度，用 $d_{15.6}^{15.6}$ 表示，称为国际标准相对密度。在欧美各国，液体的相对密度常以比重指数来表示或称 API 度，它与 $d_{15.6}^{15.6}$ 的关系式如下：

$$API° = 141.5/ d_{15.6}^{15.6} - 131.5 \tag{1-2-7}$$

比重指数与密度成反比的关系，随密度的增大，比重指数下降。

三、密度和相对密度与温度的关系

密度和相对密度是温度的函数，随温度的升高，液体油品体积膨胀，密度和相对密度下降。

附表 1 列出了油品密度和相对密度的换算。常用的不同温度下密度和相对密度的关系式有：

$$\rho^{20} = \rho^{t} + \gamma(t - 20) \qquad (1-2-8)$$

式中 ρ^{20}——油品 20℃时的密度，称为标准密度；

ρ^{t}——油品 t℃时的密度，叫视密度；

γ——平均温度校正系数，由附表 2 查得。

此式适用于(20±5)℃的温度范围。

$$d_4^{\,t} = 0.9990\, d_{15.6}^{\,t} \qquad (1-2-9)$$

$$d_{15.6}^{15.6} = d_4^{20} + \Delta d \qquad (1-2-10)$$

式中 Δd 由表 1-2-2 查得。

表 1-2-2　Δd 值表

$d_{15.6}^{15.6}$	Δd	$d_{15.6}^{15.6}$	Δd
0.7000~0.7100	0.0051	0.8400~0.8500	0.0043
0.7100~0.7300	0.0050	0.8500~0.8700	0.0042
0.7300~0.7500	0.0049	0.8700~0.8900	0.0041
0.7500~0.7700	0.0048	0.8900~0.9100	0.0040
0.7700~0.7800	0.0047	0.9100~0.9200	0.0039
0.7800~0.8000	0.0046	0.9200~0.9400	0.0038
0.8000~0.8200	0.0045	0.9400~0.9500	0.0037
0.8200~0.8400	0.0044		

例 1-2-2　某汽油 20℃时的密度为 0.7544 g/cm³，求其 API°、ρ^{15}和 $d_{15.6}^{15.6}$为多少？

解：由附表 1，当ρ^{20}为 0.7544 g/cm³时，查得：

$$API° = 55.0$$

$$\rho^{15} = 0.7584 g/cm^3$$

$$d_{15.6}^{15.6} = 0.7587$$

在压力不很大时，压力对液体油品的密度和相对密度的影响通常可以忽略不计。但应该注意的是油品受热，体积膨胀，如果容器体积不变，装满油品的密闭容器压力升高容易引起爆炸，是很危险的。

四、油品密度和相对密度与沸点的关系

油品的沸点越高，馏分越重，其中含芳香烃、稠环芳烃以及胶质沥青质越多，油品密度和相对密度越大。表 1-2-3 中列出了原油及其产品的相对密度和沸点范围。

表 1-2-3　原油和石油产品的相对密度和沸点范围

油　　品	沸点范围/℃	相对密度($d_{15.6}^{15.6}$)	比重指数 API°
原油		0.65～1.06	86～2
汽油	<200	0.70～0.77	70～52
煤油	200～300	0.75～0.83	57～39
柴油	200～350	0.82～0.87	41～31
润滑油	>320	>0.85	<35

五、混合密度

液体油品混合后体积具有可加性，因此油品混合密度可根据可加性计算：

$$\rho_{混} = v_1\rho_1 + v_2\rho_2 + \cdots + v_n\rho_n \qquad (1-2-11)$$

式中，v 为组分的体积分数。

六、测定油品密度与储运工作的关系

密度是多种油品，特别是喷气燃料的重要质量标准，对喷气燃料的热值和低温性能影响很大，是生产中严加控制的指标。在油库中，可根据密度大致区分油品种类，由此根据油品在储存过程中密度的变化，判断是否存在问题。如果发现燃料的密度与原来测定的结果相差1%以上，可以认为燃料在储存过程中与其他油品产生了掺混事故或因大量的蒸发损失造成了密度显著增大。在炼厂工艺设计和生产、油品储运、产品计量等方面都经常用到相对密度和密度。

第三节　黏　　度

石油及油品在输送和使用过程中要进行流动，因此其流动性能的好坏非常重要。评价油品流动性的基本指标是黏度，它也是某些油品的重要规格标准之一。

一、黏度的概念及表示方法

1. 黏度的概念

黏度是衡量液体作层流流动时内摩擦力大小的指标。层流流动指流体质点运动是有规则的，质点之间互不混杂，互不干扰，作层状或流束状运动。

2. 黏度的表示方法

(1) 动力黏度。根据牛顿定律，在层流状态下，内摩擦力 F 的大小与流体化学组成有关；在不大于 4.053MPa(40atm)时，可认为与压力无关；对性质相同的流体，内摩擦力与两液层交界面的面积 S 和速度梯度 dv/dL 成正比，可以表示为：

$$F = \mu S \cdot dv/dL \qquad (1-2-12)$$

式中　F——两液层之间的内摩擦力，N；

S——两液层之间的接触面积，m^2；

dv——两液层间相对运动速度，m/s；

dL——两液层之间的距离，m；

μ——内摩擦系数，即该液体的动力黏度，Pa·s。

若取 $S=1m^2$，$dv/dL=1/s$，则在数值上 $\mu=F$。所以，动力黏度的物理意义可以理解为：在单位接触面积上，相对运动速度梯度为 1/s 时，流体所产生的内摩擦力。动力黏度的单位：

$$\mu = F/(S\cdot dv/dL) = N/[m^2\cdot m/(s/m)] = N\cdot s/m^2 = Pa\cdot s$$

通常图表或手册中查得的动力黏度大多采用物理单位表示为 g/cm · s，称为“泊”(P)，常用 1/100P 作为油品动力黏度的单位，称为“厘泊”(cP)，它与 Pa · s 的关系为：

$$1Pa\cdot s = 10P = 1000cP$$

(2) 运动黏度。石油产品规格标准中常采用运动黏度作为油品流动性能的指标。运动黏度是动力黏度与同温度下液体密度之比，用 υ 来表示：

$$\upsilon = \mu/\rho \qquad (1-2-13)$$

运动黏度的单位是 m^2/s，在物理单位中为 cm^2/s，称为“斯”(St)，1/100St 称为“厘斯”(cSt 或 mm^2/s)，常用作油品质量指标中黏度的单位，与 m^2/s 的关系为：

$$1m^2/s = 10^4 St = 10^6 cSt(mm^2/s)$$

表 1-2-4 列出了一些纯烃的密度、沸点、相对分子质量和黏度。

表 1-2-4　纯烃的密度、沸点、相对分子质量和黏度

烃　类	20℃密度/(g/cm³)	沸点/℃	相对分子质量	37.8℃运动黏度/(mm²/s)
戊烷	0.6262	63.07	72.15	0.330
己烷	0.6594	68.74	68.17	0.414
庚烷	0.8637	98.43	100.20	0.521
辛烷	0.7025	125.67	114.22	0.648
1-己烯	0.6732	63.48	84.16	0.340
环戊烷	0.7486	49.25	70.14	0.499
环己烷	0.7786	80.72	84.16	0.953
甲基环己烷	0.7694	100.93	98.18	0.728
苯	0.8789	80.09	78.11	0.587
甲苯	0.8670	110.63	92.14	0.558
乙苯	0.8670	136.20	106.17	0.643

从表 1-2-4 中数据可以看出，随着密度的增大、沸点升高或烃类相对分子质量增大，黏度增大。当烃类相对分子质量相近时，烷烃黏度最小，环烷烃最大，芳香烃介于两者之间。石油及其产品的黏度随油品馏程升高、密度增大而迅速增加。

(3) 条件黏度。用各种不同黏度计在特定条件下测得的黏度为条件黏度。如恩氏黏度，单位°E；赛氏黏度，单位 s；福氏黏度，单位 s；雷氏黏度，单位 s。

各种黏度可通过图 1-2-3 或附表 3 进行换算，黏度换算时注意温度条件应相同。

二、黏度与温度的关系

黏度是温度的函数，随温度的升高油品的黏度下降。因此，对油品的黏度，必须指明多少温度下的黏度，否则没有意义。油品的黏度随温度变化的性能，称为油品的黏温性能。黏度随温度变化的越小，其黏温性能越好。黏温性能对石油储运也具有重要意义。表示油品黏温性能的方法很多，都是根据油品在两个(或两个以上)温度下的黏度数据，采用不同的数理方法得到不同的指标。

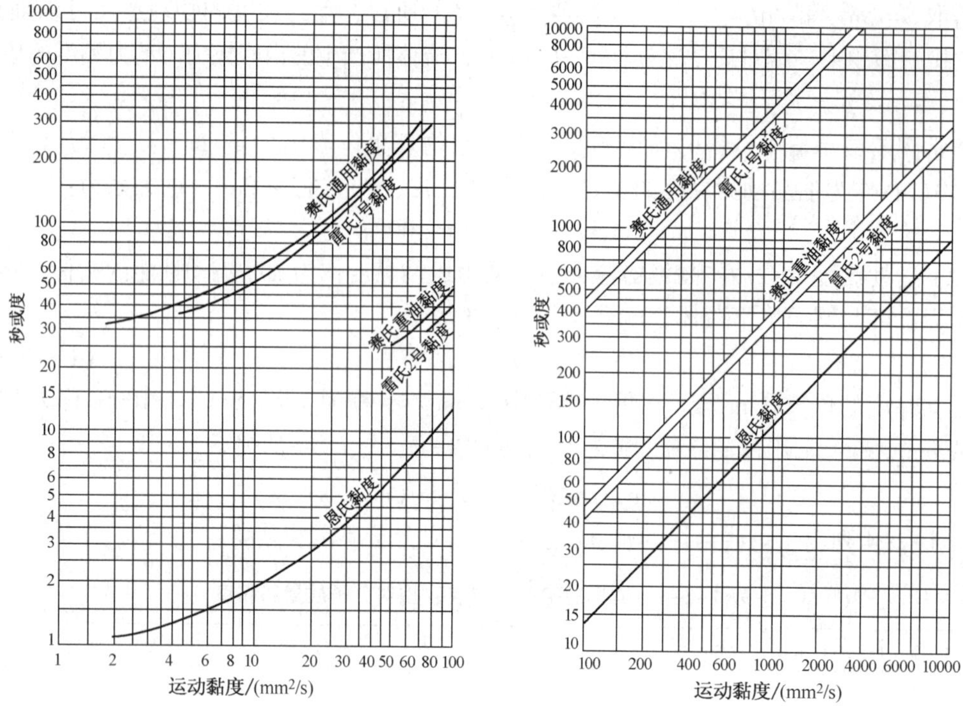

图 1-2-3　黏度换算图

1. 黏度比

我国常用黏度比表示油品的黏温性能。黏度比是油品 50℃和 100℃运动黏度之比。

$$黏度比 = \upsilon_{50}/\upsilon_{100} \qquad (1-2-14)$$

因为黏度越小的油品，黏温性能越好；黏度大的油品，黏度随温度的变化大，所以只有两种油品的黏度差别不大时，才能相互比较它们的黏温性能好坏，黏度差别很大时，相互比较没有意义。

2. 黏度指数

黏度指数是衡量油品黏温性能常用的指标，它是与标准油相比较的值。黏度指数越大的油品，其黏温性能越好。石蜡基原油的黏度指数最高，中间基的黏度指数次之，环烷基的黏度指数最低。

首先选两种标准油作为比较基准，一种是黏温性能好的宾夕法尼亚原油，定这种原油的所有窄馏分(称为 H 油)的黏度指数为 100；另一种是黏温性能差的得克萨斯海湾沿岸原油，定它的所有窄馏分(称为 L 油)的黏度指数为 0，油品的黏度指数可用下面公式计算，当黏度指数 VI 为 0~100 时：

$$VI = (L - U)/(L - H) \times 100 \qquad (1-2-15)$$

当黏度指数 VI 等于或大于 100 时：

$$VI = (10^N - 1)/0.00715 + 100 \qquad (1-2-16)$$

$$N = (\lg H - \lg U)/\lg y$$

式中　U——试样在 40℃条件下的运动黏度，mm^2/s；

y——试样在 100℃条件下的运动黏度，mm^2/s；

H——与试样 100℃时运动黏度相同，黏度指数为 100 的 H 标准油在 40℃时的运动黏度，mm^2/s；

L——与试样 100℃时运动黏度相同，黏度指数为 0 的 L 标准油在 40℃时的运动黏度，mm^2/s。

精确的黏度指数值，可用油品 40℃和 100℃的运动黏度从石油产品黏度指数计算法（GB/T 1995）中查得。对黏温性能很差的油品，其黏度指数可以是负值。

如图 1-2-4，可由油品 50℃和 100℃的运动黏度查得其黏度指数。

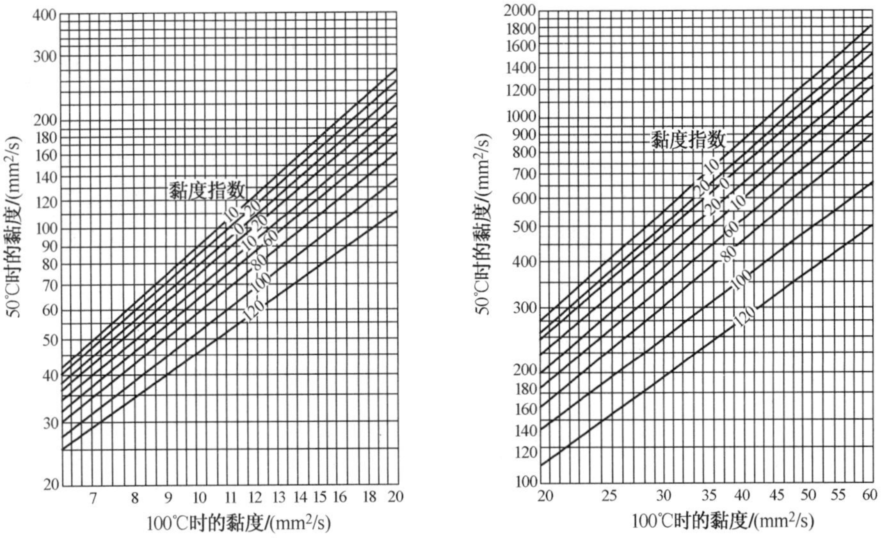

图 1-2-4　油品黏度指数图

3. 黏度温度系数

黏度温度系数是油品 0℃和 100℃运动黏度差与 50℃运动黏度的比值。

$$黏温系数 = (v_0 - v_{100})/v_{50} \qquad (1-2-17)$$

黏温系数越小的油品，其黏温性能越好。

4. 黏温性能经验公式和关系图

若已知油品在两个温度下的黏度，利用经验公式，可以求该油品在任意温度下的黏度。

$$\lg\lg(v_T + a) = b + m\lg T \qquad (1-2-18)$$

式中　v_T——油品 T_K 时的运动黏度，mm^2/s；

b、m——经验常数，由两个温度下（T_1、T_2）的运动黏度（v_{T_1}、v_{T_2}）列方程求得；

a——常数，我国油品取 0.6，国外常采用 0.8。

油品在已知两个温度下的黏度，求该油品在任意温度下的黏度，也可由图 1-2-5 查得。

三、混合黏度

润滑油的品种非常多，由于蒸馏塔不可能蒸馏得到很多种类的油品，需要调合，用两种不同黏度的润滑油，采用不同比例，调合出各种不同黏度的润滑油。混合黏度没有可加性，常采用查经验图的方法。图 1-2-5 为石油产品混合黏度和黏温关系图。

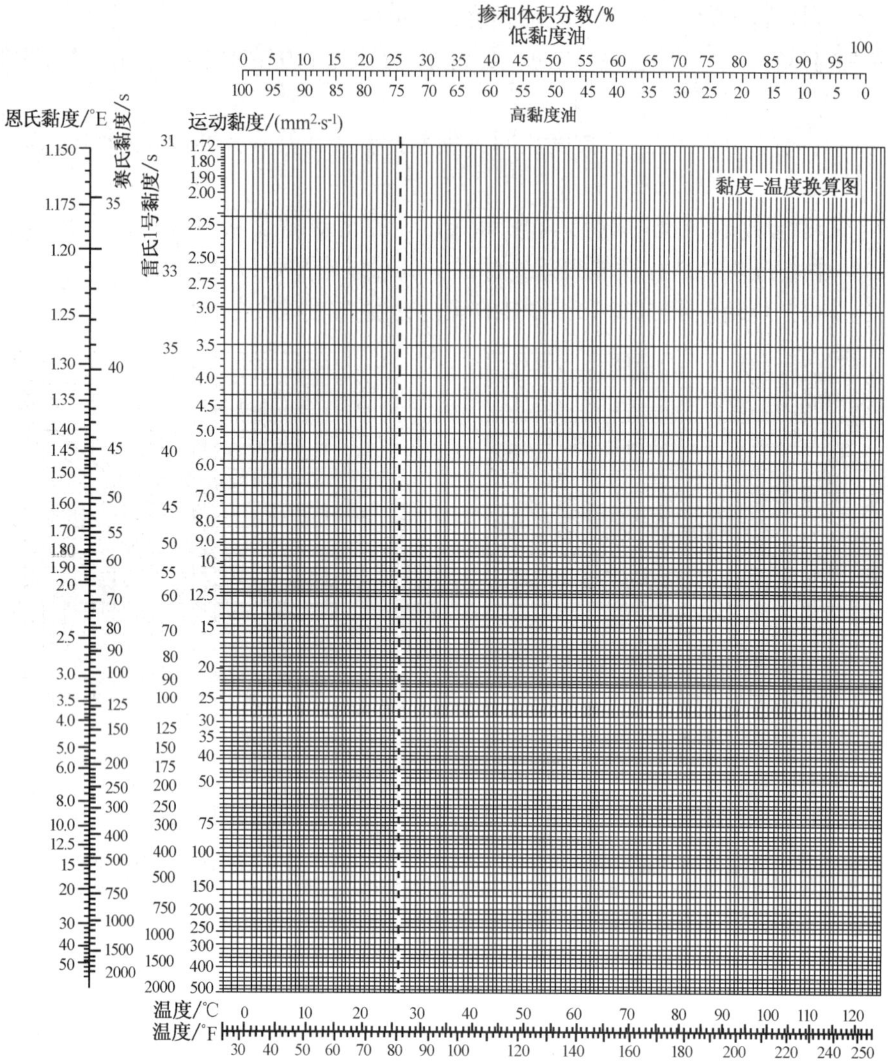

图 1-2-5　石油产品混合黏度和黏温关系图

第四节　低温性能

各种石油产品都有可能在低温下使用，如北方或是在冬季，发动机停车后再启动时，其温度基本与环境温度相同。因此，发动机燃料和润滑油在低温时的流动性能是评价油品在低温时能否使用的重要项目要求，对于原油和油品的输送也很重要。

一、油品凝固的实质

油品在一定条件下失去流动性时的最高温度称为凝点。油品凝固原因有两种。

1. 黏温凝固

油品随温度的降低，其黏度很快增大，当黏度增大到某种程度时，会变成无定形黏稠的玻璃状物质而失去流动性，这种情况称为黏温凝固。这里的“凝固”是油品在特定条件下刚刚失去流动性，实际上是一种可塑性物质，而绝不是固体。

2. 构造凝固

含蜡的油品受冷时，随着温度的下降，油品中所含的蜡会逐渐结晶出来，先是产生少量极微细的结晶，使原来透明的油品生成云雾状的混浊现象，此时的温度称为云点或浊点。继续使油品降温，蜡的结晶逐渐长大，到结晶明显可辨时，这个温度称为结晶点或冰点。进一步使油品冷冻，则结晶大量生成，连接成网，形成结晶骨架，把当时尚处于液体的油包在其中，使油品失去流动性，这种现象称为构造凝固，相应的失去流动性的最高温度称为凝点。此“凝固”也并不是形成了纯固体，因为在蜡的结晶网中包含有液态油品，其硬度离纯“固体”相差很远。

处于凝点时的石油并非真正凝固，蜡晶网络结构被破坏后，石油仍可流动，因此原油可在低于凝点附近温度进行管道输送。

二、浊点和结晶点

浊点和结晶点是衡量轻质油品，如航空汽油、喷气燃料等低温流动性的指标。浊点是油品在试验条件下，开始出现烃类的微晶粒或冰晶体，使油品呈现混浊时的最高温度。在测定浊点后，继续将试油冷却，直到油中呈现出肉眼能看得见的晶体时的最高温度为结晶点（SH/T 0179）。

油品在结晶点温度下出现的结晶是固体烃，但由于航空汽油、喷气燃料等要求结晶点温度很低，达-50～-60℃，因此，此时出现的固体烃类除石蜡外，还有某些芳香烃或其他烃类，如苯、二甲苯、环己烷等。

由于烃有吸水性，即水分子在油中有一定的溶解度，当油品与水接触或者暴露在大气中时，会吸收一些水分，这些水分数量极微，但在测定结晶点时，它会结晶出来，而形成真正的冰粒，影响浊点和结晶点的测定，使其温度上升。因此，在规格试验中规定，要测定未脱水燃料和脱水燃料的浊点和结晶点。

航空燃料油如果出现结晶，发动机滤清器中的滤网和滤布可能被堵塞，从而阻碍甚至中断油料的正常供应，造成故障，这对高空飞行是特别危险的。通常认为，在浊点温度下就有可能发生滤清器的堵塞现象，因此，在喷气燃料的规格标准中对浊点和结晶点有严格的要求，要求结晶点为-50～-60℃。

三、凝点和倾点

凝点和倾点是原油、柴油和润滑油等油品低温流动性的重要指标。对于一个纯的化合物，有一个固定的冰点或凝点，而且与熔点的数值相同，如常压下水的凝点是0℃，冰的熔点也是0℃。油品是复杂的混合物，没有固定的凝点，其凝点是在特定的仪器中，在一定的试验条件下，油品失去流动性时的温度。失去流动性是条件性的，即当油品冷却到某一温度，将储油的试管倾斜成45°角，经过1min，肉眼看不出管内液面位置有所移动，此时，油品被看作是凝固了，相应产生这种现象的最高温度称为该油品的凝点（GB/T 510）。有的国家将装着试油的瓶子转成水平的位置，经过5s，液面不再移动的最高温度称为凝点。这两种方法测得的油品凝点大致相同。

倾点是石油产品从标准型式的容器中流出时的最低温度，或称流动极限（GB/T 3535）。油品的沸点越高，倾点（或凝点）就越高。

四、熔点、软化点和滴点

熔点是石蜡、地蜡和一些高熔点石油产品低温流动性的指标，是其重要的规格标准项目之一。从物理学的概念说，纯化合物的凝点和熔点是一致的，但作为复杂混合物的石油产品，熔点是在专门仪器中测定的条件性数值，因此，石油产品的凝点和熔点在数值上不一致，其概念也不相同。测定时要预先熔化石油产品，在室温下降温，测定温度随时间的变化，该曲线称为降温曲线，其中温度下降最慢的一段曲线的开始温度作为试样的熔点（GB/T 2539）。

软化点是区分一些石油残渣油和沥青物态转变的表示方法，是沥青热性质的指标。用环球法测定，将钢球放在一个预先装好了沥青的铜环上，然后一起放入热水浴中，直至小球将铜环中的沥青压下，此时的温度称为软化点（GB/T 4507）。

滴点是区分润滑脂、凡士林等物态转变的表示方法。在滴点测定仪中，在严格规定的条件下加热试样，当其从仪器的小孔中滴出第一滴或油柱接触试管底时的温度称为滴点（GB/T 4929）。

第五节　闪点、燃点和自燃点

油品极易着火和爆炸，研究油品与着火、爆炸和燃烧有关的性质，对安全生产、储存运输和油品的使用有着重要的意义。

一、闪点

1. 概念

加热油品，随着温度的上升，油品上方空气中油气的浓度逐渐增大，当用外在火源去引燃油气混合气时，发现在一定浓度范围内，油气上方会出现瞬间闪火的现象。低于这一范围，油气不足；而高于这一范围，空气不足，都不能闪火爆炸。因此，称这一浓度范围为爆炸范围，其下限浓度称为爆炸下限，上限浓度称为爆炸上限。闪点是指油品在常压下油气混合气相当于爆炸下限或上限浓度时油品的温度。汽油的闪点是相当于爆炸上限的油温，煤油、柴油等的闪点是相当于爆炸下限的油温。

根据油品使用及储存的条件不同，闪点分为开杯闪点和闭杯闪点两种，闪点的测定是在特殊仪器内进行的条件性实验。一般较轻的油品测闭杯闪点，与其使用及储存条件相对应，而较重的油品测开杯闪点。开杯闪点与闭杯闪点相差很大，闪点越高相差越大。表 1-2-5 列出了几种油品的开杯闪点与闭杯闪点的差值。

表 1-2-5　几种油品的开口杯闪点与闭口杯闪点的差值

油品名称	$d_{15.6}^{15.6}$	开口杯闪点/℃	闭口杯闪点/℃	差值/℃
10 号机械油	0.900	170	148	22
某机械油	0.895	230	200	30
机械油+0.5%汽油	0.894	200	80	120
汽缸油	0.913	331	271	60

2. 油品要求闪点的意义

为了在储存、运输、加工和使用过程中的安全，某些油品要控制闪点，以防遇火爆炸。

对于汽油和溶剂油等较轻油品要求爆炸上限温度，沸点较高的油品要求的是爆炸下限温度。爆炸下限一般只有当油气与空气组成的混合气中油蒸气分压达 5.3～6kPa(40～45mmHg)时才能闪火，因此，油品的闪点与它的沸点有关，低沸点馏分闪点比高沸点馏分闪点低。从安全角度讲，要求闪点≮多少度，即控制其中轻组分的含量。油品越轻，闪点越低，越危险，见表 1-2-6 石油产品的危险等级。

表 1-2-6　石油产品的危险等级

油品名称	闪点/℃	失火危险等级	备　注
溶剂油类、汽油类、苯类	<28	1 级	易燃石油产品
煤油类	28～45	2 级	易燃石油产品
柴油、重油类	45～125	3 级	可燃石油产品
润滑油、润滑脂类	>120	4 级	可燃石油产品

在重质油品中混入少量低沸点油品，将使其闪点大大降低，见表 1-2-6，因此，原油的闪点很低，在原油储运过程中要加以注意。由安全的观点考虑，倾倒油品时，要求在其闪点以下 17℃时是安全的。

从使用角度来看，有些油品闪点还不能过高，如点燃式发动机，燃料靠点火燃烧，闪点过高，启动性能差。

二、燃点

油品达到闪点后继续升温，油气浓度增大，当点火后，油品不仅闪火，而且火焰不再熄灭(至少不低于 5s)，此时油品的最低温度称燃点。

燃点同样是安全性能的指标，也是使用性能的指标。点燃式发动机燃料的燃烧性能与其燃点有关。

三、自燃点

将油品加热到很高的温度，使它与空气接触，油品在空气中氧化，当温度达到一定高时，不必引火，油品剧烈氧化而自行燃烧，即油品的自燃，油品能发生自燃的最低温度称为自燃点。

自燃是油品剧烈氧化的结果，所以，油品自燃点的高低与易于氧化组分的含量高低有关。轻质油品不易氧化，自燃点较高，但易于蒸发，则闪点与燃点较低；含碳原子数相同的烷烃比芳香烃易氧化，所以，烷烃的自燃点较低。在储存运输和使用重油时，切记勿使高温热油与空气接触，以免引起自燃，因为重油易氧化，自燃温度低。在石油加工装置中，重质油品的温度较高，往往超过了自燃点，泄漏出来会很快自燃，所以轻质油品和重质油品都有发生火灾的危险，都要注意安全生产。表 1-2-7 列出了部分烃类和油品的爆炸极限、闪点、燃点和自燃点。

表 1-2-7　部分烃类和油品的爆炸极限、闪点、燃点和自燃点

燃　料	混和气中可燃气含量/%		闪点/℃	燃点/℃	自然点/℃
	下限	上限			
甲烷	5.0	15.0	<-66.7	650～750	645
乙烷	2.9	13.0	<-66.7	472～630	530

续表

燃　　料	混和气中可燃气含量/%		闪点/℃	燃点/℃	自然点/℃
	下限	上限			
丙烷	2.1	9.5	<-66.7	481~580	510
丁烷	1.8	8.4	<-60(闭)	441~550	590
戊烷	1.4	8.3	<-40(闭)	275~550	292
己烷	1.2	7.7	-22(闭)		247
乙烯	2.7	28.6	<-66.7	490~550	540
乙炔	2.5	80.0	<0	305~440	335
苯	1.5	5.6			580
甲苯	1.4	5.4			550
石油气(干)	~3	~13			650~750
汽油	1	6	<28		510~530
灯用煤油	1.4	7.5	28~45		380~425
轻柴油			45~120		
重柴油			>120		300~330
润滑油			>120		300~380
减压渣油			>120		230~240

第六节　其他性质

石油和油品性质中还有很多表示某些特性物质含量的指标，常见的有水分、硫含量、酸值、胶质、沥青质含量、含蜡量、残炭、灰分和水溶性酸或碱等，它们对油品使用性能影响很大，下面进行简单的讨论。

一、机械杂质和水分

机械杂质和水分是原油和大多数油品的重要质量指标。某些油品(如喷气燃料)中即使含有极少量的机械杂质和水分，也会引起过滤器堵塞、机械磨损加剧等问题。油品中的水分会引起腐蚀，使油品质量大大降低，对其低温性能产生负面影响。润滑油含水会造成乳化，降低润滑效果。原油中含水对于储存中计量准确性和石油加工中正常生产都有很大的影响。

原油中的机械杂质和水分是开采和储运过程中混入的，油品中的水和机械杂质除了可能是石油加工中引入的以外，主要是因为储运容器不洁、管理不善所造成的。由于烃类都有一定的吸水性，很难保证油品完全无水，因而除航空用油和电气绝缘油外，一般允许含不大于痕迹量(0.025%以下)的水分。

二、含硫量

石油和油品中含有多种硫化物，其数量和类型对石油加工方案制定、油品储存安定性和使用性能以及设备腐蚀等影响很大，因而含硫量是原油和油品的重要质量指标。

三、酸度和酸值

酸度和酸值都是定量表示油品中酸性物质含量的指标。油品中的酸性物质主要是环烷酸等少量有机酸和酚类，也可能含有油品精制过程中残留的微量无机酸。酸性物质影响油品质量、腐蚀设备，应尽量除去。一般汽油、煤油和柴油等轻质油品测定酸度，润滑油和原油测定酸值。酸度和酸值也是油品储存中表明油品是否变质的指标之一。

四、胶质、沥青质和含蜡量

原油中的胶质、沥青质和含蜡量对原油输送影响很大，特别是制定高含蜡易凝原油加热输送方案时，胶质与含蜡量之间的比例关系会显著影响热处理温度和热处理效果。对于原油加工方案的制定，这三种物质的含量也至关重要。因此，原油通常需要测定胶质、沥青质和蜡的含量，分别以质量分数表示。

五、残炭和灰分

润滑油和重质燃料油等都规定了残炭这一质量标准。残炭大小间接表明油品在使用中出现结焦和积炭的倾向，也反映润滑油精制的深度。深度精制后的润滑油其残炭值较小。

油品中的灰分主要是由于少量无机盐、金属有机化合物及机械杂质等所形成的。油品中的灰分导致机械磨损、积炭、结垢和腐蚀，因而是汽轮机油和锅炉燃料等石油产品的重要质量指标。

六、水溶性酸或碱

油品中的水溶性酸或碱主要是石油加工中精制不良或酸碱洗涤时分离不好所残留下来的无机酸和无机碱。油品在使用中，也可能因高温和氧化生成一些低分子有机酸。这些溶于水的酸或碱，会腐蚀设备，降低油品质量，因而油品中绝不允许存在水溶性酸或碱。

第三章 原油的分类及国产原油的性质

第一节 原油的分类

根据原油的组成将其分类，对于原油加工利用、商品贸易和储存运输都十分重要。如果将不同类型的原油混输、混储，会造成原油加工的困难和品质的降低。储运工作者要了解原油的分类，对不同类型的原油，采取针对性的储运方法。

原油分类方法分为化学分类法和工业分类法(商品分类法)，我国以化学分类法为主，工业分类法作为补充。

一、原油的化学分类法

原油的化学分类是以其化学组成为基础。但是，因为有关原油化学组成的分析比较复杂，所以通常利用与化学组成有关联的几个物理性质进行化学分类。常见的化学分类法有特性因数分类法和关键馏分特性分类法等。

1. 特性因数分类法

使石油及油品的相对密度与其中平均沸点关联，可得到一个能反映油品化学性质的指标，称为特性因数，用 K 表示：

$$K = 1.216\ T^{1/3}/d_{15.6}^{15.6} \tag{1-3-1}$$

式中 T——中平均沸点 K，通常用 50℃ 或 100℃ 的黏度与相对密度指数查图求定。

一般原油的特性因数 K 在 9.7~13.0 之间。根据原油的特性因数 K 值的大小对原油进行分类：

石蜡基原油：K>12.1；

中间基原油：K=11.5~12.1；

环烷基原油：K=10.5~11.5。

同一类原油的性质具有明显的共同特点。石蜡基原油一般烷烃含量超过 50%，含蜡量高，密度小，凝点高，含硫、含氮、含胶质量较低。大庆原油和南阳原油是典型的石蜡基原油。

环烷基原油的密度较大，凝点较低。环烷基中的重质原油，含有大量的胶质和沥青质，又称为沥青基原油。在分类时，沥青基原油属于环烷基原油的范畴。孤岛原油和乌尔禾稠油都属于这一类。

中间基原油介于二者之间。

2. 关键馏分特性分类法

原油在汉培尔蒸馏装置中及特定的条件下进行分馏，在常压下蒸得 250~275℃ 的馏分为第一关键馏分；在 5.3kPa(40mmHg)的减压下再切取 275~300℃ 的馏分(相当于常压下 395~425℃)为第二关键馏分。由两个馏分的相对密度可以对油品进行分类，见表 1-3-1 和表 1-3-2。

表 1-3-1 关键馏分分类标准

关键馏分	石蜡基	中间基	环烷基
第一关键馏分	d_4^{20}<0.8210 API°>40 (K>11.9)	d_4^{20}=0.8210~0.8562 API°=33~40 (K=11.5~11.9)	d_4^{20}>0.8562 API°<33 (K<11.5)
第二关键馏分	d_4^{20}<0.8723 API°>30 (K>12.2)	d_4^{20}=0.8723~0.9305 API°=20~30 (K=11.5~12.2)	d_4^{20}>0.9305 API°<20 (K<11.5)

表 1-3-2 关键馏分特性分类

序号	轻油部分的类别	重油部分的类别	原油类别
1	石蜡	石蜡	石蜡
2	石蜡	中间	石蜡-中间
3	中间	石蜡	中间-石蜡
4	中间	中间	中间
5	中间	环烷	中间-环烷
6	环烷	中间	环烷-中间
7	环烷	环烷	环烷

用上述两种化学分类法对我国几种主要原油分类，见表 1-3-3。

表 1-3-3 几种国产原油的分类

原油名称	含硫/%	相对密度 $d_{15.6}^{15.6}$	特性因数 K	特性因数分类	第一关键馏分 d_4^{20}	第二关键馏分 d_4^{20}	关键馏分特性分类	建议原油分类命名
大庆混合原油	0.11	0.8615	12.5	石蜡基	0.814 (K=12.0)	0.850 (K=12.5)	石蜡基	低硫石蜡基
玉门混合原油	0.18	0.8520	12.3	石蜡基	0.818 (K=12.0)	0.870 (K=12.3)	石蜡基	低硫石蜡基
克拉玛依原油	0.04	0.8689	12.2~12.3	石蜡基	0.828 (K=11.9)	0.895 (K=11.5)	中间基	低硫中间基
胜利混合原油	0.83	0.9144	11.8	中间基	0.832 (K=11.8)	0.881 (K=12.0)	中间基	含硫中间基
大港混合原油	0.14	0.8896	11.8	中间基	0.860 (K=11.4)	0.887 (K=12.0)	环烷-中间基	低硫环烷-中间基
孤岛原油	2.03	0.9574	11.6	中间基	0.891 (K=10.7)	0.936 (K=11.4)	环烷基	含硫环烷基

因为用关键馏分特性分类，对其沸点较低和沸点较高的馏分，取不同数值进行分析，适合一般原油的实际情况，所以更合理。

二、原油的工业分类法

原油的工业分类法又叫商品分类法，是化学分类法的补充。对于工业分类标准，各国均按自己使用的原油性质规定，互不相同。

国际石油市场常用的计价标准是按比重指数 API°和含硫量分类。下面列举的分类数据，可视为分类的参考标准。

1. 按密度或 API°分类

表 1-3-4 列出了原油按密度或 API°分类的标准。

表 1-3-4 原油按密度或 API°分类的标准

类 别	API°	15℃密度/(g/cm^3)	20℃密度/(g/cm^3)
轻质原油	>34	<0.855	<0.851
中质原油	34~20	0.855~0.934	0.851~0.930
重质原油	20~10	0.934	0.931~0.996
特稠原油	<10	>0.999	>0.996

轻质原油大体来说是地质年代古老的原油，与生成它的原始物质的组成差别很大。轻质原油一般含轻组分数量多，含硫、氮、胶质、沥青质少。我国青海冷湖原油、克拉玛依原油属于轻质原油，大庆原油虽然轻组分含量不高，但由于烷烃含量多，因而密度较小，也属于轻质原油。

重质原油大体是地质年代较轻的原油，其组成与生成它的物质的组成相似。重质原油一般含轻组分少，含硫、氮、胶质多，对氧不安定。我国孤岛原油属于重质原油。

2. 按含硫量分类

表 1-3-5 列出了几种原油工业分类的标准。

表 1-3-5 几种原油工业分类的标准

分类根据	按含硫量分类			按含氮量分类			按含蜡量分类			按含胶质量分类		
原油类别	低硫	含硫	高硫	低氮	含氮	高氮	低蜡	含蜡	高蜡	低胶	含胶	多胶
分类标准/%	<0.5	0.5~2.0	>2.0	<0.25	0.25	>0.25	0.5~2.5	2.5~10.0	>10.0	<5	5~15	>15

注：胶质量为硅胶胶质量。

一般低硫原油中重金属含量也低，大多数含氮量也低。原油中的含氮量比含硫量要低。含氮量分类见表 1-3-5。

3. 按含蜡量分类

分类方法见表 1-3-5。按含蜡量分类时，因为含蜡量高的原油其凝点也高，所以一般测定油品的凝点来确定其含蜡量较容易。

低蜡原油：$\upsilon_{50}=53\ mm^2/s$ 的馏分，凝点<-16℃，含蜡量为 0.5%~2.5%；

含蜡原油：$\upsilon_{50}=53\ mm^2/s$ 的馏分，凝点-15~20℃，含蜡量为 2.5%~10%；

高蜡原油：$\upsilon_{50}=53\ mm^2/s$ 的馏分，凝点>21℃，含蜡量为>10%。

4. 按含胶质量分类

分类方法见表 1-3-5 标准。

第二节 国产原油的性质

我国主要的油田有大庆、胜利、大港、任丘、夏辽、江汉、荆门、玉门、克拉玛依、青海、四川、南疆、南海、延长、长庆、南阳、扶余、辽河、沈北等。其中产量最高的是大庆油田，其次为胜利油田。几种主要原油的一般性质列于表 1-3-6 中。可以看出，不同原油，有的性质差别很大，而有些不同产地的原油，其性质又很相似。

表 1-3-6 主要国产原油的一般性质

项　目	大庆	胜利	大港	青海	克拉玛依	玉门	孤岛	乌尔禾稠油
密度 ρ_{20}/(g/cm^3)	0.8557	0.9005	0.8826	0.8433	0.8808	0.8662	0.9460	0.9619
运动黏度(50℃)/(mm^2/s)	19.51	83.36	17.37	8.35	32.34	20.12	498	20391.6
凝点/℃	32	28	28	15	-57	8	-2	15.5
含蜡量(吸附法)/%	25.05	14.6	15.39	17.06(蒸馏法)	2.09	16.1	7.0	1.56(蒸馏法)
沥青质/%	0.155	5.1	13.14	2.05	—	—	7.8	5.67
硅胶胶质/%	—	23.2		45.2	15.0	13.8	32.9	27.48
酸值/(mgKOH/g)	—	—	—	0.100	0.74	0.15	—	3.83
残炭/%	3.00	6.4	3.2	2.25	—	4.9	6.6	—
水分/%	痕迹	1.0	0.23	3.85	1.08	0，3	0.3	—
盐含量/(mgNaCl/L)	11.81	60	186.5	9288	13.85	20	12.6	—
闪点(开口杯)/℃	29	—	<42	—	—	—	—	—
平均相对分子质量	490	—	—	—	—	291	—	—
元素分析/%								
C	86.27	—	85.67	—	—	—	—	—
H	13.54	—	13.40	—	—	—	—	—
S	0.15	0.80	0.12	0.34	0.12	0.13	2.06	0.31
N	—	0.41	0.23	—	0.27	0.31	0.52	0.51
微量金属/(mg/kg)								
V	<0.06	1.0	<1	—	—	—	0.8	—
Ni	1.83	26	18.5	—	—	—	21	—
Fe	0.40	—	—	—	—	—	16.5	—
Ca	0.54	—	—	—	—	—	Cu：0.4	—
馏程								
初馏点/℃	65	95	85	67	93	69	176	212
100℃馏出/%	0.94	—	—	—	0.2	1.5	—	—
200℃馏出/%	11.25	7.5	10.0	15.0	11.0	17.0	1.1	—
300℃馏出/%	25.63	18.0	26.0	32.9	31.0	33.9	280℃馏出 9.4	3.24
特性因数 K	>12.55	12.1	12.1	12.4			11.8	
分类	低硫石蜡基	含硫中间基	低硫中间基	低硫石蜡基	低硫中间基	低硫石蜡基	含硫环烷基	低硫环烷基

由表 1-3-6 可以看出各油田原油的性质不同，但我国原油有自己的特点。

一、密度

从原油密度上看，我国原油的标准密度大多数在 0.86～0.88g/cm^{3}左右，但也有个别原油，如青海冷湖原油密度小到只有 0.8042g/cm^{3}左右，而乌尔禾稠油密度大到 0.9619g/cm^3。原油的密度大小反映了原油化学组成上的差异，一般密度小的轻质原油，其含硫、含氮量少，胶质、沥青质含量也少，原油中轻组分含量多；密度大的原油正好相反。如青海冷湖原油密度 0.8042g/cm^3，其胶质和含量为 1.9%，沥青质为零，含硫量极低为 0.02%，200℃以前的馏分达 48%，小于 300℃馏分竟高达 72%。而密度高达 0.9619g/cm^{3}的乌尔禾稠油，其含硫、含氮量均高于青海冷湖原油，含硫量为青海冷湖原油的 15 倍；其胶质和沥青质含量为33%，也是青海冷湖原油的十几倍；乌尔禾稠油的轻组分极少，初馏点高达212℃，300℃以前的轻组分只有3.24%，仅为青海冷湖原油的4.5%。

二、黏度

我国原油50℃运动黏度一般在20~100mm²/s之间。由于组成不同，特别是胶质、沥青质含量和轻组分的影响，黏度的差别也十分悬殊。如含轻组分多、胶质沥青质少的青海冷湖原油，其50℃运动黏度为1.46mm²/s，而重质的乌尔禾稠油50℃运动黏度竟高达20391mm²/s，为青海冷湖原油的14000倍。

三、凝点

原油凝点的差别，主要与原油的含蜡量有关。含蜡多的原油凝点高，如南阳原油，含蜡量为41.14%，其凝点也突出地高达51℃；而含蜡量仅为2.04%的克拉玛依低凝原油，其凝点低至-50℃，两种原油凝点相差101℃。我国原油大部分含蜡量较高。

四、含硫、含氮元素量

原油含硫、氮等元素的量，一般与胶质、沥青质含量有关。含硫、含氮量高的原油，通常胶质、沥青质含量也高，如孤岛、胜利原油等。我国原油主要是低硫或含硫原油，含硫量较低；含氮量一般低于千分之五。

第三节　大庆原油的特性及其加工方案的确定

一、大庆原油的特性

大庆原油是我国产量最高的原油，约占全国原油产量的一半。大庆原油的性质和国外很多原油差别很大，其含蜡多、凝点高、含硫少、汽油馏分较少，属于低硫石蜡基原油。

石蜡基原油的烷烃含量高，因而其汽油馏分的抗爆性能差，辛烷值低；其柴油的燃烧性能好，十六烷值高，脱蜡的负荷大，但也可以得到重要的副产品——石蜡和地蜡。石蜡基原油由于胶质、沥青质含量低，不能直接生产沥青产品。大庆原油含硫量低，炼制加工这类原油比较容易，加工和储运这类原油及其产品的设备腐蚀问题不太严重；但因含蜡多，凝点高，原油输送时必须加热或采用其他降凝措施。

二、原油加工方案的确定

原油加工方案首先根据炼厂目的产物的不同，主要分为三类：燃料型，燃料-润滑油型和燃料-化工型。

确定原油加工方案，是以原油评价数据为依据，综合考虑对产品的需求、技术的先进性、生产的灵活性及经济的合理性等因素。

由于大庆原油馏分较重，<350℃馏分仅占原油的30%左右，而>525℃的减压渣油约占原油的40%，为了提高汽油、煤油、柴油及液化气、苯类等轻质产品的收率，必须采用深度加工的方法。为此在常减压装置中应尽量拔出馏分油，使减压渣油尽可能减少。同时减压馏分油进行催化裂化或加氢裂化，催化裂化后的气体产物再进行叠合或烷基化，生产高辛烷值汽油组分，并把部分减压渣油进行延迟焦化。经过这些加工以后，使轻质油品收率提高到原油的70%～72%，其中约一半为二次加工产品，同时生产出低硫的电极焦。

大庆原油直馏汽油的辛烷值很低，与二次加工汽油调合后，辛烷值也只有70～80。为了提高汽油的质量，应该大力发展宽馏分重整、新型加氢裂化、氢氟酸烷基化、丙烯丁烯齐聚和甲基叔丁基醚等加工过程。

大庆原油直馏产品中非烃类组分含量极少，安定性很好，可以长期储存。二次加工的油品，如催化裂化的汽油、柴油的安定性尚可，而焦化产品的安定性则很差，必须经过适度精制，并配以各类添加剂，才能得到安定性较好的产品。

原油评价的数据表明，大庆原油与世界上一般石蜡基原油相同，是生产优质润滑油和各种蜡的良好原料。原油中各种润滑油的总潜含量为25%左右，尽管需要较大的脱蜡装置，但润滑油的黏度指数较高，芳香烃和胶质的含量较少，所以通常不必深度精制。减压渣油需通过丙烷脱沥青以制取高黏度润滑油。经脱蜡、溶剂精制的润滑油，最后经过加氢精制或白土处理，得到润滑油的基础油，同时得到副产品石蜡。

第二篇
石油的炼制方法

第一章　原油的脱盐脱水

原油在地下往往是与水同时存在的，而在开采过程中为了保持油层的压力又常采用注水的措施，因而自地下采出的原油一般都含有水分，少的有百分之几，多则达到百分之几十。这些水中都溶解有 NaCl、$CaCl_2$、$MgCl_2$等盐类。一般在油田先采取沉降法除去部分水和固体杂质(泥砂、固体盐类等)，但是由于在采油和输送过程中的剧烈扰动，油和水形成了乳状液，单凭沉降是不可能把水脱干净的。为此，在油田和炼油厂中都设有脱盐脱水装置，对原油进行预处理以达到加工的要求。

对于进入常减压蒸馏装置的原油要求含盐量不大于 10mg/L，甚至要求小于 5mg/L，含水不大于 0.2%。原油中含水过多会造成蒸馏塔内气相线速过高，使操作不稳定，严重时甚至会引起冲塔事故。同时，它还会增加加热炉和塔顶冷凝冷却器的负荷，增加燃料的消耗量和冷却水的用量，降低装置的实际处理能力。

原油中所含的无机盐类一般是溶解于原油所含的水中，有时也还有一部分以微小的颗粒状态悬浮在油中。各种原油所含盐分的组成是不同的，主要是钠、钙、镁的氯化物，而以 NaCl 的含量为最多。据统计，一般 NaCl 占 75%左右，$CaCl_2$ 占 10%左右，$MgCl_2$ 占 15%左右。这些盐类的存在对炼油装置危害极大。在管式加热炉或换热器等设备中，随着温度升高水分蒸发，盐类沉积在管壁上形成盐垢，这会使传热困难，燃料的消耗增加，甚至会因管道堵塞或炉管烧坏导致被迫停工，缩短开工周期。更有甚者，盐类的存在还会对设备造成腐蚀，其原因主要是 $CaCl_2$、$MgCl_2$等水解生成具有很强腐蚀性的 HCl，尤其是当它溶于水中形成盐酸时，腐蚀就更为严重。

$$CaCl_2+2H_2O = Ca(OH)_2+2HCl$$

$$MgCl_2+2H_2O = Mg(OH)_2+2HCl$$

在加工含硫原油时，含硫化合物会分解出 H_2S，这对设备也有腐蚀作用，但生成的腐蚀物 FeS 附着在金属表面上，能对金属起部分的保护作用。可是，当同时有 HCl 存在时，它能与 FeS 起反应破坏保护层，而放出的 H_2S 又会进一步与铁反应，使腐蚀加重。

$$FeS+2HCl = FeCl_2+H_2S$$

由此可见，不采取有效措施脱去盐类，将会使设备严重腐蚀，不仅浪费钢材，而且会因腐蚀穿孔漏油造成火灾。再者，原油中含盐过多，蒸馏后盐类大多留在重馏分和渣油中，这将直接影响某些产品的质量，如使石油焦的灰分增加、沥青的延伸度降低等，也使二次加工原料中重金属量增加，加剧催化剂的污染。所以，无论从平稳操作、减轻设备腐蚀、保证安全生产、延长开工周期和提高二次加工产品质量等各方面来看，对原油进行充分的脱盐脱水是完全必要的。

第一节　原油脱盐脱水原理

原油中的盐大部分是溶于所含的水中，所以脱盐和脱水是同时进行的。含水原油常常是一种比较稳定的油包水型乳状液，因此脱盐脱水过程的实质就是要破坏这种乳化状态，使水滴聚结，达到油水分离的目的。

一、油水两相的自由沉降分离

从物理意义上说，原油和水的分离是凭借于这两相的密度不同，两相的密度差是沉降分离的推动力，而分散介质的黏度则是阻力。

油水这两个互不相溶的液相进行沉降分离，基本上符合球形粒子在静止流体中自由沉降的期托克司公式：

$$u = d^2(\rho_1 - \rho_2)g/18\upsilon\rho_2 \tag{2-1-1}$$

式中 u——水滴沉降速度，m/s；

d——水滴直径，m；

ρ_1、ρ_2——水和油的密度，kg/m^3；

υ——油的运动黏度，m^2/s；

g——重力加速度，m/s^2。

公式的使用范围是两相的相对运动速度属于层流区。对于直径太小的水滴，此式不适用。

从公式可以看出：两相间密度差的增大和分散介质黏度的减小，都有利于加速沉降分离。由于沉降速度是与水滴直径的平方成正比，所以增加水滴直径可以大大加快它的沉降速度，在原油脱盐脱水的过程中，就是要创造条件使水滴的直径增大，以加速它的沉降分离。

二、原油乳状液的性质

原油中所含的水不易脱除，主要是由于它处于高度分散的乳化状态，而且又有天然的乳化剂存在于油中。

乳状液是两种或两种以上不互溶或不完全互溶的液体所形成的分散物系。乳化剂是表面活性物质，它能降低两种液相界面上的表面张力，不同性质的乳化剂可以使乳状液成为水包油型或是油包水型。

原油一般是油包水型的乳状液，即水相以微滴形式分散于连续的油相中，并为原油中所含的天然乳化剂（如环烷酸、胶质、沥青质等）所稳定，各种原油乳状液的稳定性是各不相同的，即使是同一油田的原油也会有变化，它的稳定性大体取决于下列因素：

（1）所含乳化剂的性质和数量。由于乳化剂吸附作用能浓集于油水界面形成牢固的单分子膜。

（2）原油本身的黏度。黏度高的原油所形成的乳化液不易破坏。

（3）水相的分散程度。原油在开采和输送过程中经过剧烈的扰动，使水滴高度分散，乳状液更趋稳定。

（4）形成的时间。乳状液形成的时间越长，乳化剂越能浓集于油水界面，吸附膜也就更加牢固，这种所谓“老化”的乳状液更加顽固。所以，刚开采出来的原油在油田立即脱水比较容易。

采取相应的措施使乳状液从稳定状态转化为不稳定状态，从而把水分出，加入适当的破乳剂是重要手段之一。破乳剂本身也是表面活性物质，但是它的性质和乳化剂相反。因为原油中的天然乳化剂是油包水型的表面活性剂，所以原油破乳剂就应是水包油型的表面活性剂。破乳剂的破乳作用是在油水界面进行的，它能迅速浓集于界面，并与乳化剂相竞争，从而夺取具有界面的位置而被吸附，这样原有的比较牢固的吸附膜就被减弱甚至破坏，小水滴也就比较容易絮凝和凝结进而沉降分出。

三、电场对于乳状液的作用

乳状液中的微滴无论在交流或直流电场中，都能由于感应使微滴的两端带上不同极性的电荷，产生诱导偶极。因为微滴两端受到方向相反、大小相等的两个吸引力的作用，所以其合力为零，微滴除被拉长成椭圆形球体外，并不发生位移，按电场方向排列成行的相邻微滴之间，由于相邻端的电荷相反而具有相互吸引的静电引力，这种引力能导致微滴的聚结，称为聚结力。图 2-1-1 是偶极聚结的示意图。

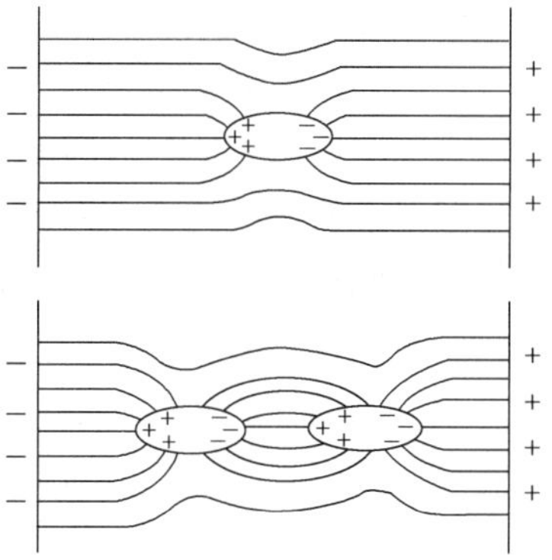

图 2-1-1　高压电场中水滴的偶极聚结

原油中同样大小的球形水滴之间的聚结力 F，可以根据均匀电场中两介质球之间的作用力用式 2-1-2 表达：

$$F = 6KE^2r^6/l^4 = 6KE^2r^2(r/l)^4 \qquad (2-1-2)$$

式中　K——由原油和水的介电系数所决定的常数；

E——电场强度；

r——水滴的半径；

l——两水滴中心之间的距离。

从式中可以看出：聚结力 F 与 r/l 的四次方成正比，因而 r/l 是影响聚结力的重要因素。当水滴直径增大或水滴间距离缩小时，聚结力均急剧增大。

再者，r/l 的比值是与分散相在乳状液中含量的立方根成正比。对于一定的乳状液组成来说，r/l 比值与水滴的平均粒度无关，即一定的分散相含量对应着一定的 r/l 比值。因此在聚结过程中，只要没有分出水层，r/l 的值是保持不变的。

表 2-1-1　偶极聚结力与乳状液近似含量的关系

乳状液中分散相的近似含量/%	r/l 比值	对应的偶极聚结力 F
7	1/4	F
2	1/6	$F/5$
1	1/8	$F/16$
0.1	1/16	$F/256$

表 2-1-1 所列数字说明：随着乳状液中分散相含量的减少，r/l 比值也减小，而小滴间的偶极聚结力就大大降低。当乳状液含水只有 0.1%时，r/l 为 1/16，这样聚结力就太小了，即使施加电场也很难再脱除。

第二节　原油脱盐脱水工艺

加热、破乳剂和高压电场都有助于破乳化。一般炼厂采用电脱盐法，同时加入破乳剂，叫做电-化学法脱盐。

原油脱盐脱水的工艺条件主要是温度、压力、注水量、加破乳剂量以及脱盐级数等，现分述如下。

温度升高可以降低原油的黏度和密度，在一定范围内意味着增加油与水的密度差，从斯托克司公式可以看出这两方面都有利于油水分离，更重要的是加热可以增加原油对乳化剂的溶解能力，使乳化剂从界面向油中扩散，从而减弱甚至破坏油水界面的吸附膜，促使水滴的凝结。温度过低，原油的黏度大，油水密度差小，不利于脱水。但若温度过高，也有可能使油水两相的密度差反而减小，同样不利于脱水，如 150℃时水的密度是 0.917kg/m^3，这就有可能和某些重质原油在该温度下的密度相接近。此外，原油的导电率是随温度升高而增大，温度过高会使脱盐的耗电率过大。各种原油都有其最佳的脱盐温度范围，超过或低于此范围均能降低脱盐深度。一般脱盐温度以在 90~120℃左右为宜。

脱盐过程是要在一定压力下进行的，其目的是为了避免原油中轻馏分的蒸发，操作压力视原油中轻馏分的含量而定，一般在 588.07~980.7kPa(6~10kgf/cm^2)左右。

电脱盐本来就是从原油中脱去乳化状态的水，可是在脱盐前还需要加入一定量的水。这一方面由于原油中往往还含有一些固体的盐类，需要加水予以溶解；另一方面适当增加原油中的含水量可增大水滴间的诱导偶极聚结力和降低水相中含盐的浓度，从而提高脱盐率。注水量一般为 5%左右，对于高黏度的重质原油有时还可多注一些。但加水也不能太多，原油含水过高会造成短路跳闸。

脱盐过程中往往还需要加入破乳剂。它能减弱甚至破坏油水界面和油中固体盐颗粒表面的吸附膜，可以显著提高破乳和脱盐的效果，同时还能减少脱盐排除的废水中带走油。破乳剂的品种繁多，需结合具体的原油和使用条件加以评定。标准是破乳速度快，油水界面清楚，脱出的水中含油少，需要的用量小，本身的毒性低以及价格便宜等。常用的原油破乳剂大多是非离子型表面活性剂，主要是聚醚型。因为原油乳状液的性质除取决于原油的本性外，还与开采和储运的条件有关，所以必须通过试验以选用合适的破乳剂，不可随意乱用，破乳剂的量一般为几到几十 μg/g，加入位置一般在原油泵的入口处，使之在泵中与原油充分混合。

单级电脱盐的脱盐率一般只能在 60%~90%，而当原油性质发生波动时，脱盐效果会更差。一般要求原油含盐小于 10mg/L，含水小于 0.2%，这显然不是单级电脱盐所能达到的。

实验数据说明，在原油脱盐的过程中，NaCl、$CaCl_2$ 和 $MgCl_2$ 并不是以相同的比率脱除。其中 NaCl 较易脱除，而 $CaCl_2$ 和 $MgCl_2$ 较难脱除。表 2-1-2 中列出的是国外某原油二级脱盐的含盐量和其盐分组成的数据，此表说明，当脱盐达不到一定深度时，尽管氯化物含量降低很多，而 Ca^{2+}、Mg^{2+} 离子的含量变化不大。

表 2-1-2　国外某原油二级脱盐过程中盐含量变化情况

含盐量/(mg/L)	未脱盐原油	一级脱盐原油	二级脱盐原油
盐(以 NaCl 计)	56	25	7
Mg^{2+}	1.3	1.3	0.8
Ca^{2+}	2.7	2.1	1.3
Na^+	20.7	8.6	3.4

二级脱盐就是把两个脱盐罐串联起来用，南京石油化工厂曾对胜利原油进行了一级和二级脱盐的对比试验，在原油含盐<400mg/L 的情况下，四个电脱盐罐并联进行一级脱盐，脱盐后原油含盐量一般在 15~30mg/L。而同样原四个罐，在处理量相同，含盐量相近的情况下，用两个罐进行一级脱盐，另两个罐进行二级脱盐，这样一级脱盐后原油含盐量一般在 40~50mg/L，二级脱盐后原油含盐量则可稳定在 10mg/L 以下，说明用二级脱盐工艺，即使处理能力提高 20%仍能使脱盐后原油含盐量小于 10mg/L。二级脱盐的原则流程见图2-1-2。

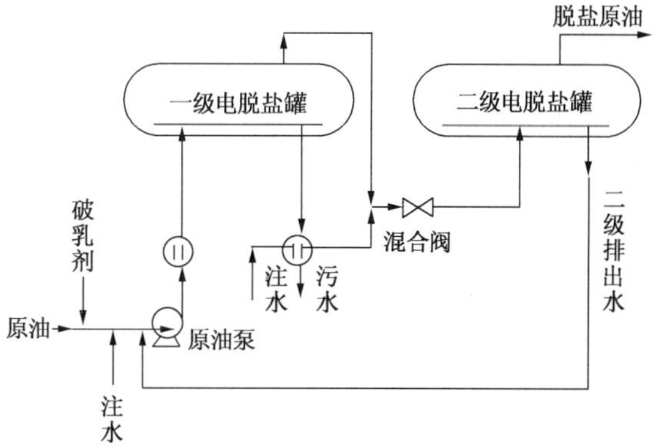

图 2-1-2　二级脱盐原则流程

一级和二级脱盐前都要注水，一级一般注水 5%~6%左右，二级注水则以 2%~3%为宜，有的炼油厂将二级脱盐所排出的水作为一级脱盐的注水，这样可以减少含盐污水的排量。一级注水和油的混合是靠原油泵和换热器，二级注水则需用混合柱或混合阀与油混合。一般情况下，破乳剂加在一级脱盐罐之前，二级脱盐就不一定再加破乳剂了。

第二章 常减压蒸馏

第一节 典型的常减压蒸馏流程

图 2-2-1 是典型的原油常减压蒸馏原理流程图。流程是指一个生产装置中的设备、机泵、工艺管线和控制仪表，按生产过程的内在联系而形成的有机组合。有时为了简单示意，在图中只列出主要的设备、机泵和工艺管线，称为原理流程图。

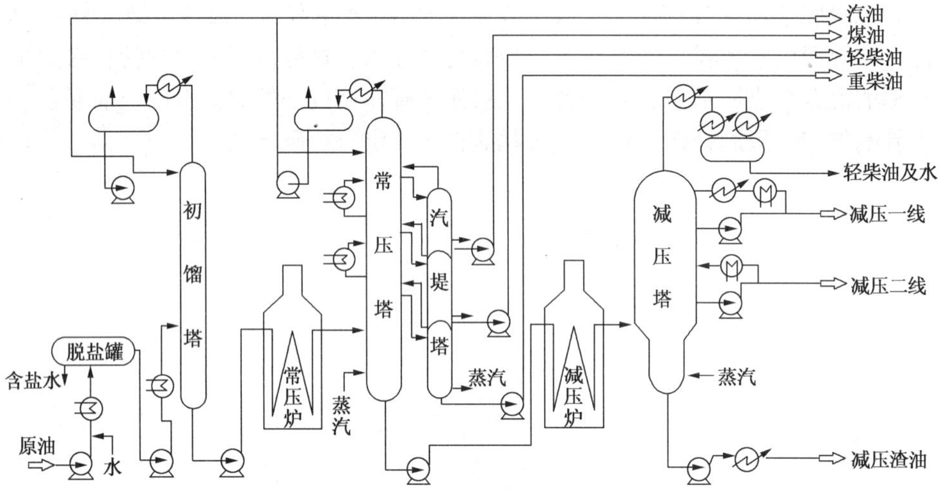

图 2-2-1 原油常减压蒸馏原理流程图

典型的原油蒸馏装置，是以加热炉和精馏塔为主体而组成的蒸馏装置，如图 2-2-1 所示。经过预处理的原油，用泵输送，流经一系列换热器(图上简略未画全)，与温度较高的蒸馏产品换热，再在加热炉中被加热至 360℃左右，此时原油的一部分汽化成为油蒸气，加热后的原油进入一个精馏塔，此塔在接近大气压力下操作，故而称为常压(精馏)塔，相应的加热炉称为常压(加热)炉。在这里原油被分馏切割，从塔顶馏出重整原料或汽油馏分，由塔侧引出煤油和轻、重柴油等馏分，常压塔馏出的产品一般都属于轻质油品。塔底产物称为常压重油，是原油中比较重的部分，沸点一般高于 350℃，原油中的胶质、沥青质等都集中在这里。为了拔出润滑油原料和裂化原料，需要把沸点高于 350℃的馏分从重油中分离出来。如果把重油继续在常压下蒸馏，势必将蒸馏温度提高至 400～500℃以上，这样，胶质、沥青质和其他对热不安定的成分会发生分解、缩合等反应，一则降低了产品质量，二来加剧设备结焦，为此将常压重油在减压(真空)条件下进行蒸馏，蒸馏温度限制在 420℃以下，降低压力使物质的沸点有相应的下降，可进一步从常压重油中馏出重质油料(润滑油料和裂化原料)，这些相应的设备称为减压(加热)炉和减压(精馏)塔，减压塔内的真空度一般在 93.3kPa(700mmHg)上下，是由塔顶抽真空系统造成的。减压塔底的产物集中了绝大部分的胶质、沥青质和很高沸点(500℃以上)的渣料，称为减压渣油，可以进一步加工精制高黏度润滑油、沥青、锅炉燃料或作为焦化原料。

这种配备有常压和减压精馏的装置，称为常减压蒸馏装置。不难看出这个流程系统由三部分组成：

(1) 原油换热、加热系统。包括原油在换热器中与热的馏分油换热以及在加热炉中加热。

(2) 原油精馏系统。由精馏塔、回流设备及抽真空系统组成。

(3) 产品冷凝冷却系统。包括冷凝器和冷却器。

除原油本身的性质外，原油蒸馏效率和产品质量在很大程度上是由精馏系统决定的，精馏系统是蒸馏装置的核心部分。

第二节　精　　馏

石油加工装置中都采用连续精馏设备，称为精馏塔、分馏塔或蒸馏塔。

原料进入塔的进料段中，气相部分自下而上，液相部分自上而下地流动。从塔顶进入轻组分浓度很高的液体，称为塔顶(液相)回流(通常是把塔顶馏出物冷凝以后，取其一部分作为回流，其余部分作为塔顶产品)。液相回流自塔顶往下，与上升的气相物料逆向流动。在塔内设有塔板或填料组成的气、液接触设施，称为接触级，气、液两相在其上密切接触。液相部分自上而下流至塔底，在再沸器中加热，生成一定量的气相回流返回塔底，自下而上地流动，气、液两相也在相应的塔板或填料上密切接触。由于塔顶液相回流是经过冷凝冷却后温度较低而轻组分含量很高的物料，而塔底气相回流则是经过加热汽化的温度较高而轻组分含量很低的物料，因而沿着精馏塔整个高度建立了两个梯度：①温度梯度。即整个精馏塔塔底至塔顶温度逐级下降；②浓度梯度。即整个塔内气液相物流的轻组分含量自塔底至塔顶逐步升高。这两种梯度在每一个气、液接触级内也有所反映，即相接触的气、液两相，气相温度总是高于液相温度；而液相中轻组分含量总是比与气相相平衡的液相轻组分含量要高一些，这称为相间差别。由于温度差别和相间差别的存在，形成了一种不平衡状态，造成了相应的推动力。一方面，相间差别促使气、液两相之间发生扩散传质现象，液相中的部分轻组分扩散通过相间界面进入气相，而气相中的部分重组分则扩散通过相间界面而进入液相，其结果是使气相中轻组分浓度上升，而液相中轻组分浓度下降，两相逐渐趋近平衡组成，在理想的情况下，则达到平衡，相间差别消失。另一方面，物质在两相间扩散传递的同时，还进行着热量的传递：气相中的物质扩散到液相中去时，将一定的热量大部分以冷凝热的方式，小部分以显热的方式传给了液相；液相中部分轻组分扩散进入气相时，把若干热量以汽化热的方式带至气相，这种热量传递的结果，使气液温度逐渐接近，在达到平衡的理想情况下，两相的温度趋于一致，温度差别消失。气、液两相传质传热能够达到平衡的理想接触级称为平衡(接触)级，实际塔板上是不可能达到平衡的，但无论如何每经过一次接触，气、液相中的轻重组分得到一定程度的分离，于是在整个精馏塔若干个接触级的作用下，越接近塔顶，气相的轻组分含量越高，而温度越低；越接近塔底，液相的重组分浓度越高，而温度越高。这就使原料中的轻重组分得到了较高程度的分离，既可得到纯度较高的产品，也可取得相当高的效率。

据此看来，作为蒸馏的一种高级形式，精馏的特点在于，在提供回流的条件下，气、液相多次逆流接触，进行相间扩散传质传热，使挥发性混合物中各组分有效地分离。

第三节　精馏过程的实质

为简明起见，以戊烷-己烷二元理想体系为例。表 2-2-1 所列的是戊烷-己烷二元理想体系的常压气-液平衡数据。

表 2-2-1　戊烷-己烷二元理想体系气-液平衡数据(总压 P=760mmHg)

温度/℃	饱和蒸气压/mmHg		平衡液相组成 x 戊烷分子分率	平衡气相组成 y 戊烷分子分率
	戊烷	己烷		
36.1	760	238	1.0	1.0
37.0	780	245	0.963	0.988
37.8	800	255	0.925	0.975
40.6	895	280	0.78	0.92
43.3	960	325	0.685	0.865
48.9	1160	396	0.477	0.73
54.5	1350	478	0.323	0.575
57.3	1460	530	0.248	0.476
60.0	1600	580	0.176	0.371
62.8	1750	638	0.109	0.252
65.7	1900	700	0.050	0.125
68.0	2010	740	0.0157	0.00414
68.9	2150	760	0.0	0.0

注：1mmHg=133.324Pa。

设有一戊烷-己烷混合物，含戊烷 47.7%(z=0.477)，要求用蒸馏的办法将戊烷、己烷分离，产品纯度不低于 98%。

先考虑平衡汽化蒸馏的办法。如果将此混合物在 54.5℃下部分汽化，由表 2-2-1 可以看出，将获得 y_F=0.575 的气相，以及 x_F=0.323 的液相，此时气相产物效率(即汽化率 θ)：

$$\theta = (z - x_F)/(y_F - x_F) = (0.477 - 0.323)/(0.575 - 0.323) = 0.611$$

不难看出，平衡汽化虽然可以得到较高的气相效率，但其分离十分粗略。即使在极限情况下，也就是在该混合物的泡点(48.9℃)进行平衡汽化，所得气相产物中戊烷的分子分率也只有 0.73，而效率为无限小。因此用平衡汽化获得较纯的分离物质是不可能的。

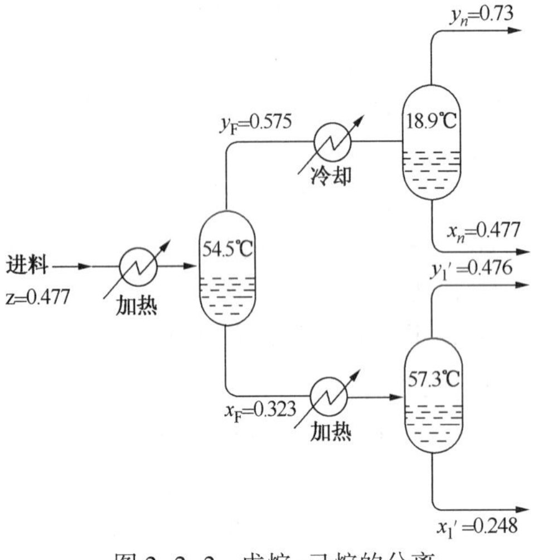

图 2-2-2　戊烷-己烷的分离

如果将平衡汽化所得的 y_F=0.575 的气相产物来一次部分冷凝，若冷凝温度为 48.9℃，那么可以形成一个 x_n=0.477 的液相和 y_n=0.73 的气相。同时，将 x_F=0.323 的液相再来一次部分汽化，若温度为 57.3℃，则得 y_1'=0.476 的气相和 x_1'=0.248 的液相。图 2-2-2 示出了这种情况，倘使气相产物的部分冷凝重复多次，最终就有可能得到戊烷纯度相当高的气相产物。若最后一级部分冷凝温度为 37.0℃，则气相产品中戊烷浓度可达 98.9%。同样，液相产物的部分汽化若多次重复，则当最后一级部分汽化温度为 65.7℃时，最终可取得戊烷摩尔分率为 0.0157(即己烷浓度为 98.43%)的液相产品。但是，这两种产品的纯度虽然很高，效率确是很低的。

这种多级相继部分汽化流程的极限情况就是微分蒸馏，而多级相继部分冷凝过程的极限情况即为微分冷凝，它们能够得到近乎纯的轻、重组分，可惜其数量是微乎其微的。

多级相继部分汽化和部分冷凝过程效率低的原因，在于过程中许多浓度不高的气、液相中间产物未得到利用。为此不妨把它们引入相应的地方予以回收，如图 2-2-2 中的 $x_n=0.477$ 的液相产物与 $y_1'=0.476$ 的气相产物，其组成均与进料组成 Z 相近，把它们和进料一起处理当然合适，由此，可以设计出如图 2-2-3 这样的流程来，级与级之间出现了回流。

作一个粗略的能量平衡，只考虑潜热而忽略显热，则每一级中气相产物与液相之比大致等于气相回流与液相回流之比，故而级间的冷凝器和加热器便不再需要，连进料加热器都不再是必须的。为了给第 1 级提供液相回流，以及给第 m 级提供气相回流，顶部的冷凝器和底部的加热器(再沸器)仍属必要。

图 2-2-3 实质上就是精馏过程，它可以使混合物得到有效的分离，既可以保证高的产品浓度，又能够达到较高的收率。在这样的精馏过程中，每一个容器都是一个气-液平衡接触级，每一级都有气、液两个进料，液相回流中的轻组分浓度(以第二级为例，$x_1=0.963$)应该高于该级条件下的平衡液相浓度($x_2=0.925$)；而气相进料的轻组分浓度($y_3=0.92$)应低于该条件下的平衡气相浓度($y_2=0.975$)，这就是相间差别。因此进入每一级的气、液流都是不平衡的，气相中轻组分和液相中重组分都得到了提浓，达到一定的分离效果。由此可见，相间的浓度差别是精馏的第一前提。

精馏过程是一系列平衡汽化和平衡冷凝的有机结合，在工艺上，它表现为一系列接触级

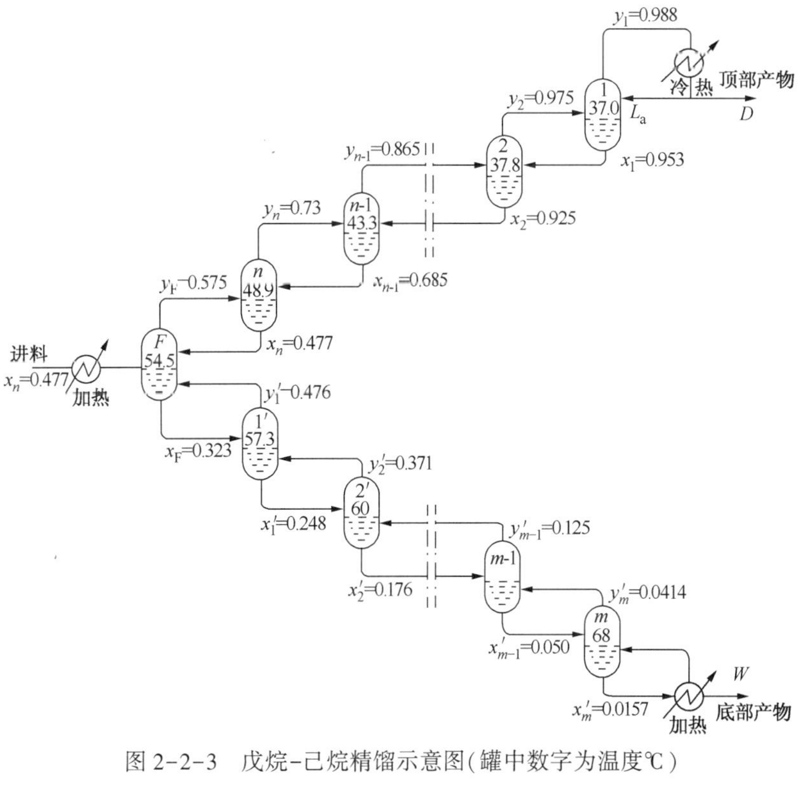

图 2-2-3 戊烷-己烷精馏示意图(罐中数字为温度℃)

的有机结合。这些接触级必须自下而上地降低温度，使平衡条件有规律地逐级变化，形成一个温度梯度，从而使平衡浓度向高产品浓度接近，没有这一条件，高纯度产品是得不到的。因此，一个合理的温度梯度是精馏的另一个前提。

为了创造这两个前提，顶部的冷凝器和底部的再沸器所造成的回流是必要的条件。顶部产品的冷凝器为精馏过程提供了轻组分浓度很高而温度较低的顶部液相回流，有了它，就会在各个接触级依次产生轻组分浓度较平衡液相组成为高的、温度较平衡温度为低的液相回流；底部的再沸器则提供气相回流，它的重组分浓度很高，温度也比较高，这就为每个接触级造成了相应的气相回流，其重组分浓度总是高于平衡气相浓度，温度也是高于平衡温度。于是，在顶部液相回流和底部气相回流的协同作用下，各接触级才具备了相间差别和温度梯度，使精馏得以顺利地进行。当然，每一个接触级必须提供气、液两相密切接触的设施。

第四节　精馏塔的构成

图 2-2-4 所示就是精馏塔。在塔中，由于气体和液体的相对密度差，自然地形成气体向上而液体向下的逆向流动，在每一个由塔板或填料构成的接触级上密切接触。进料从塔的中部进入塔内，塔顶引出的气相馏出物是高纯度的轻质产品，塔底流出的是高纯度的重质产品。塔顶由冷凝器提供液相回流，塔底由再沸器提供气相回流。一个完整的精馏塔由精馏段、提馏段和进料段三部分构成。

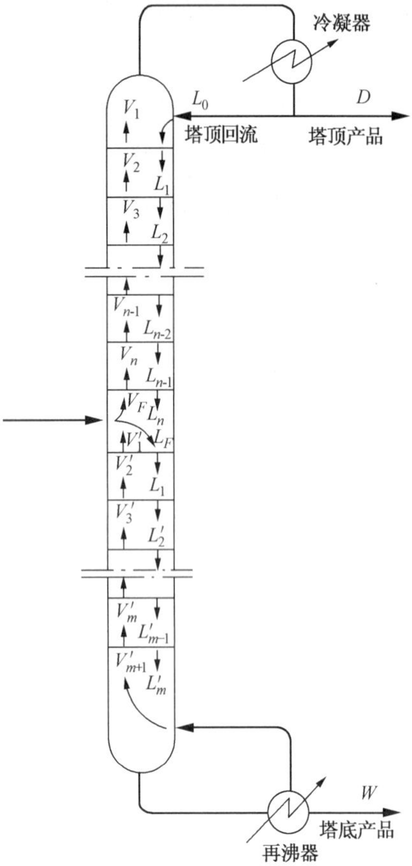

图 2-2-4　精馏塔示意图

一、精馏段和液相回流

原料在进料段部分汽化产生的气体，自下而上地进入塔的上半部。塔顶液相回流自上而下地流动，在塔上半部的各接触级中与上升的气流相接触，液相回流中低沸点组分的浓度自上而下不断下降，其温度逐渐上升，而气流中的轻组分浓度则自下而上不断升高，其温度逐步递降，到塔顶时，低沸点组分的浓度就提的很高，接近于纯的轻组分。因此，精馏塔上半部的作用是将进料的气相部分中的轻组分提浓，在塔顶得到合乎要求的产品。精馏塔的这一段称为精馏段，其中进行的是精馏过程。

液相回流是精馏操作的必要条件，如果没有液相回流，气相就会一直穿过精馏段直达塔顶而不会有任何提浓作用。塔顶回流量 L，往往是塔顶产品量 D 的几倍甚至几十倍。L 与 D 之比称为回流比 R：

$$R = L/D$$

在一般情况下，塔顶回流量的大小可人为地调节，主要根据各组分的分馏难易程度(即相对挥发度的大小)以及对产品的质量要求而定。

由图 2-2-4 可以看出，精馏段底部的接触级上升的气体 V_n，其组成与进料蒸汽 V_F 的组成相近，必然会有较多量的轻组分。因此，与 V_n 平衡的液体 L_n 含轻组分也势必不少，这说明，精馏段的顶部虽然能得到高纯度的低沸点产品，但在精馏段的底部却得不到高沸点组分浓度很高的产品，要达到这个目的，必须使 L_n 到提馏段中将重组分提浓。

二、提馏段和气相回流

精馏塔汽化段下方直至塔底为提馏段。进料的液相部分与精馏段底部流下来的液体一起进入提馏段，在其中的各接触级中与逆流而上的气相接触，逐级传质、传热的结果，液流中的低沸点组分逐渐被提出，最后由塔底流入再沸器，残剩在液体中的轻组分被汽化殆尽，得到合格的塔底产品。

再沸器中形成的气体返回塔底作为气相回流，如果提馏段底部不供给气相回流，液体仅仅是穿流而过，其中的重组分没有可能被提浓，因此，气相回流是提馏操作的必要条件，非此不能在塔底取得高浓度的重组分，也就不能保证塔顶产品的收率。可见，提馏段的作用就是将进料的液相部分提浓以保证塔底产品的质量，从而也提高了塔顶产品的收率，从本质上看，提馏段发生的依然是精馏过程。

从提馏段顶部不可能得到高纯度的低沸点产品。因为离开提馏段的气流 V_1' 与液流 L_1' 呈平衡，L_1' 的组成与进料液相部分 L_F 的组成相去不远，无疑含有多量的高沸点组分，可以判断 V_1' 中也不可避免地带有不少重组分。

总之，若要求从进料混合物同时获得纯度较高的轻质和重质产品，精馏塔必须兼备精馏段和提馏段，这样的塔称为完整的精馏塔，在只需要制取一种高纯度产品的情况下，为简化计，所采用的精馏塔可以仅由精馏段(以得到较纯的低沸产品)或提馏段(以得到较纯的高沸产品)组成，这类塔称为不完整精馏塔或半截塔。

三、进料段与进料的热状态

进料入塔的部位称为进料段，进料段下方的一层塔板称为进料板。因为进料常常在此汽化闪蒸，所以进料段又叫做汽化段。进料段通常只是一个汽化空间，有时设有切线进料设施和防冲装置，在进料段中，进料的气相部分与提馏段来的气流汇合而上升到精馏段，液相部分则与精馏段来的液相汇合而下降至提馏段。

进料段的进料，视情况不同可以处于各种不同的状态，通常用汽化率来表示进料的热状态：

过冷液体进料：$e<0$；

饱和液相进料：$e=0$；

部分汽化两相进料：$0<e<1$；

饱和气相进料：$e=1$；

过热蒸汽进料：$e>1$。

一般当进料和产品的组成已确定，进料热状态对所需的接触级数(包括精馏段和提馏段)影响不大，但是对进料位置(即精馏段和提馏段的接触级数的分配比例)却有明显影响。进料的汽化率 e 越高，气相中轻组分浓度越低，进料位置应该越低，即精馏段应具有较多的接触级，而提馏段的接触级数目则应相应地减少。

当进料的汽化率 e 加大，精馏所需的最小回流比将会增大，操作回流比也随着增加，因而精馏段所需的塔径也会有所增加，塔顶冷凝的负荷也要相应地增大。适宜的进料状态须综合考虑各种因素，根据具体情况确定。

第五节 石油精馏塔的工艺特征

石油精馏塔的根本特点在于它处理的是复杂混合物——石油，生产的也是复杂混合物——各种石油馏分。在常减压蒸馏装置中，原油被分馏切割为铂重整原料、汽油、煤油、轻重柴油、裂化原料、各种润滑油馏分及渣油等，常常不少于十来种产品。在常减压蒸馏系统中，各得到四、五个或五、六个产品，按照多元精馏原理，每一个系统都需 $n-1$ 个精馏塔才能把这些产品分离出来。以常压蒸馏为例，如果要得到汽油、煤油、轻柴油、重柴油馏分和常压重油五个产品，就需要四个精馏塔，它们可以按图 2-2-5 常压蒸馏排列方式排列，但是在石油精馏中，各种产品都是复杂混合物，并不要求很高的分馏精确度，这些塔都将是比较矮的。为简化起见，可以把这几个精馏塔结合而成一个塔，如图 2-2-6 所示，这种精馏塔事实上等于把前面几个简单精馏塔逐个重叠起来，在塔顶馏出最轻的产品——汽油，在塔底引出最重的产物——重油，介于其间的其他产品(煤油和柴油)则在塔侧作为侧线取出，这种塔称为复杂塔或复合塔。很明显，该复合塔的精馏段相当于原来四个简单塔的四个精馏段组合而成，而其下段则相当于原塔的提馏段。

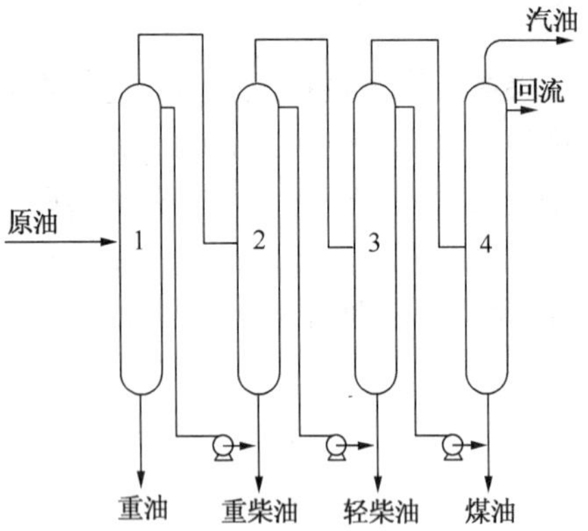

图 2-2-5 常压蒸馏排列方式

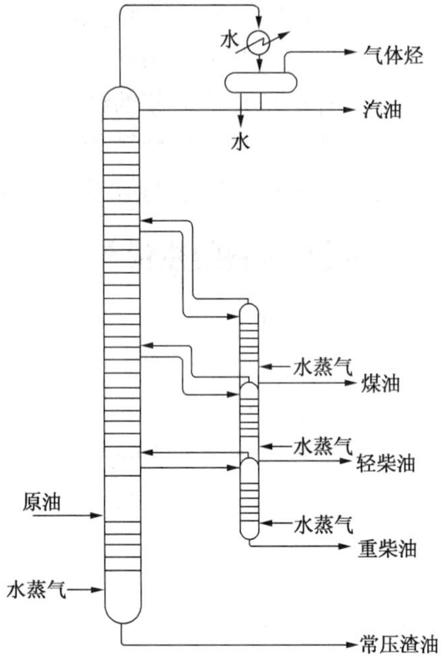

图 2-2-6 石油精馏塔

为使塔顶、塔底都得到合格的产品，需由一个完整的精馏塔完成，以精馏段保证塔顶的产品质量，而以提馏段确保塔底产品的质量。在原油精馏塔中，常压塔底重油含 350℃以前的轻质馏分有时高达 10%~15%，减压塔底渣油含 500℃以前的馏分可达 10%左右，因此塔底须有提馏段，以降低常压重油中轻馏分的含量和减压渣油中馏分油的含量。但汽油、煤油、柴油之间的分离只有精馏段而没有提馏段，这样侧线馏分中必然含有相当量的轻馏分，因而质量(如闪点)不能合格，为此，也要对它们设立提馏段，原油精馏塔旁边的小塔就相当于三个简单塔的提馏段重合在一起而构成的，而在原油精馏塔的底部保留提馏段。

原油精馏塔的塔底温度很高，一般在350℃上下，减压塔底通常在390℃左右，在这样的高温下，如果采用再沸器，很难找到合适的热源，而且再沸器必须十分庞大。因此，原油精馏塔的热量供应主要靠进料带入塔内，即将进料加热到尽可能高的温度，而塔底并无再沸器，几乎所有的原油精馏塔都在塔底注入过热水蒸气，以降低油气分压，从而帮助塔底重油中较轻的油料汽化，也提高了进料在汽化段中的汽化率，这样就提高了馏分油的拔出率，常压重油中轻质油的含量减少以后，还减轻了减压塔的负荷，有助于提高减压塔的真空度，这种方法称为汽提。因此原油精馏塔的下半段称为汽提段，汽提段中发生的不是严格的精馏作用，其分离效果不如提馏段，好在对分离精确度要求不太严格，而水蒸气在炼厂中价廉易得，又安全，因而石油精馏塔底无例外地采用汽提。在有的情况下，在塔底可以采用再沸加热炉，在原油精馏塔中，塔底重油利用加热炉的若干根炉管再沸加热返回塔底的作法也并非不能考虑。

相当于侧线产品汽提段的那个小塔，通常也用过热水蒸气汽提，以降低侧线产品中轻组分的含量，从而保证产品质量(闪点、馏分组成)，该塔由此名为汽提塔，事实上是侧线产品的汽提段。

石油精馏塔的另一个工艺特点是它的热量平衡情况，原油精馏塔主要靠将进料在加热炉中加热到尽可能高的温度将热量带入塔内，汽提蒸汽和侧线再沸器也带入少量热量，这表明原油精馏塔的进塔热量没有用塔底再沸器来调节的余地。当然，它的回流比也就为进塔热量所限制而不能任意改变。原油精馏所要求的分馏精确度并不太高，只要塔板数选择得当，由热平衡规定的回流比，在一般情况下已足够原油精馏所需，因而这种做法是可行的。

第六节　减压蒸馏

原油中350℃以上的高沸点馏分是馏分润滑油和催化裂化、加氢裂化的原料，但由于在高温下会发生分解反应，所以在常压塔的操作条件下不能获得这些馏分，只能在减压或较低的温度下通过减压蒸馏获得，减压蒸馏可以从常压重油中蒸出沸点为550℃以前的馏分油。减压蒸馏的核心设备是减压精馏塔和它的抽真空系统。

根据生产任务的不同，减压塔可分为润滑油型和燃料型。在一般情况下，无论哪种类型的减压塔，都要求有尽可能高的拔出率，因为馏分油的残炭值较低，重金属含量很少，更适于制备润滑油和作裂化原料。减压塔底的渣油可用作燃料油、焦化原料或经过加工后生产高黏度润滑油和沥青。在生产燃料油时，有时为了照顾燃料油的规格要求(如黏度)也不能拔得很深，但一些大型炼油厂则多采用尽量深拔以取得较多的直馏馏分油，然后根据需要，再在渣油中掺入一些质量较差的二次加工馏分油的方案，以获得较好的经济效益。

一、减压精馏塔的工艺特征

对减压塔的基本要求是在尽量避免油料发生分解反应的条件下尽可能多地拔出减压馏分油，做到这一点的关键在于提高汽化段的真空度。为了提高汽化段的真空度，除了需要有一套良好的塔顶抽真空系统外，一般还采取以下几种措施：

(1) 降低从汽化段到塔顶的流动压降。这一点主要依靠减少塔板数和降低气相通过每层塔板的压降。

(2) 降低塔顶油气馏出管线的流动压降。为此，减压塔塔顶都不出产品，塔顶管线只供抽真空设备抽出不凝气之用，以减少通过塔顶馏出管线的气体量。

（3）一般减压塔塔底汽提蒸汽用量比常压塔大。其主要目的是降低汽化段中的油气分压。

（4）减压塔汽化段温度并不是常压重油在减压系统中所经受的最高温度，此最高温度是在减压炉出口。为了避免油品分解，对减压炉出口温度要加以限制，在生产润滑油时不得超过395℃，在生产裂化原料时不超过400~420℃，同时在高温炉管内采用较高的油气流速以减少停留时间。

（5）缩短渣油在塔内的停留时间。塔底减压渣油是最重的物料，如果在高温下停留时间过长，则其分解、缩合等反应会进行得比较显著，其结果，一方面生成较多的不凝气，使减压塔的真空度下降；另一方面会造成塔内结焦。因此，减压塔底部的直径常常缩小以缩短渣油在塔内的停留时间。

除了上述为满足“避免分解、提高拔出率”这一基本要求而引起的工艺特征外，减压塔还由于其中的油气的物性而引起另一些特点：

（1）在减压下，油气、水不凝气的比容大，比常压塔中油气的比容要高出十余倍，尽管减压蒸馏时允许采用比常压塔高得多（通常约两倍）的空塔线速，减压塔的直径还是很大。因此，在设计减压塔时需要更多地考虑如何使沿塔高的气相负荷均匀的问题以减小塔径。为此，减压塔一般采用多个中段循环回流，常常是在每两个侧线之间都设一个中段循环回流。

（2）减压塔处理的油料比较重、黏度比较高，而且还可能含有一些表面活性物质，此外，塔内的蒸汽速度又相当高，因此蒸汽穿过塔板上的液层时形成泡沫的倾向比较严重。为了减少携带泡沫，减压塔内的板间距比常压塔大，加大板间距同时也是为了减少塔板数。此外，在塔的进料段和塔顶都设计了很大的气相破沫空间，并设有破沫网等设施。

由于上述各项工艺特征，从外形看来，减压塔比常压塔显得粗而短。此外，减压塔的底座较高，塔底液面与塔底油抽出泵入口之间的高差在10m左右，这主要是为了给热油泵提供足够的灌注头。

二、减压蒸馏的抽真空系统

减压蒸馏塔的抽真空设备可以用蒸汽喷射器（也称蒸汽喷射泵或抽空泵）或机械真空泵。蒸汽喷射器的结构简单，没有运转部件，使用可靠而无需动力机械，而且水蒸气在炼厂中既安全又容易得到。因此，炼油厂中的减压塔几乎是无例外地采用蒸气喷射器来产生真空。

蒸汽喷射器基本的工作原理是利用高压水蒸气在喷管内膨胀，使压力能转化为动能从而达到高速流动，在喷管出口周围造成真空。下面从研究气体在喷管内的稳定连续流动入手，推导出气体在喷管中流动时其流速、压力和截面积变化的关系。

图2-2-7是两种形式的喷管：收敛型和扩散型。气体在喷管中稳定连续流动时存在以下几个基本关系。

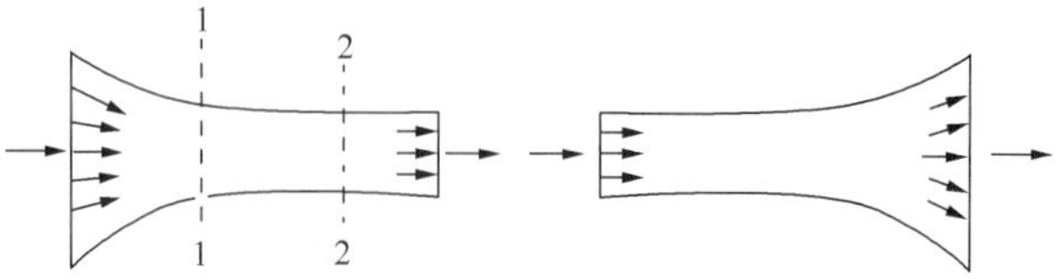

(a)收敛型喷管　　(b)扩散型喷管

图2-2-7　气体在喷管中稳定连续流动

（1）对于稳定流动，在单位时间内，流经各截面的质量流率 G 相等，即：

$$G = A_1u_1/v_1 = A_2u_2/v_2 = \cdots = A_iu_i/v_i = \text{常数} \qquad (2-2-1)$$

式中 A_i——截面 i 的面积；

u_i，v_i——流体在截面 i 的流速和比容。

为方便起见，省略下标，并微分，可得：

$$G\mathrm{d}v = A\mathrm{d}u + u\mathrm{d}A$$

分别以 $Gv=Au$ 除等式两边，整理后得：

$$\mathrm{d}A/A = \mathrm{d}v/v - \mathrm{d}u/u \qquad (2-2-2)$$

说明喷管截面变化与比容变化、流速变化之间的关系。对于不可压缩流体（如液体可近似地看作不可压缩流体），比容 v 为常数，即 $\mathrm{d}v=0$，式变为：

$$\mathrm{d}A/A = -\mathrm{d}u/u$$

此式说明当要求流速增大（$\mathrm{d}u>0$），则喷管截面应减小（$\mathrm{d}A<0$）。对于可压缩流体，如气体或水蒸气来说，其关系较复杂，需用式（2-2-2）来描述。

（2）假设气体在喷管内的流速很高，在流动中来不及与外界发生热量交换，又假设喷管内壁非常光滑，气体流动时的摩擦阻力可以忽略，则气体在喷管内的流动可以看作是理想气体的绝热流动，并且过程是可逆的，于是：

$$Pv^K = C(\text{常数})$$

式中 K 为绝热指数。

由上式得：

$$\ln P + K\ln v = \ln C$$

微分并整理，得：

$$\mathrm{d}P/P = -K\mathrm{d}v/v \qquad (2-2-3)$$

此式表示了比容变化与压力变化之间的关系。

（3）绝热、可逆时稳定流动体系的能量平衡

对于连续流动体系，可以写出能量平衡的一般公式：

$$(H + u^2/2g_c + gZ/g_c)_{\text{入}} - (H + u^2/2g_c + gZ/g_c)_{\text{出}} + \Delta Q - W_s = 0$$

根据上面的论述，气体在喷管中流动时不作轴功，所以轴功 $W_s=0$；过程是绝热的 $\Delta Q=0$；喷管位置是水平的 $Z_{\text{入}}=Z_{\text{出}}$，因此得：

$$(H + u^2/2g_c)_{\text{入}} - (H + u^2/2g_c)_{\text{出}} = 0$$

写成微分式：

$$\mathrm{d}H + \mathrm{d}u^2/2g_c = 0$$

根据热力学函数关系式 $\mathrm{d}H=T\mathrm{d}S+v\mathrm{d}P$，而且过程是绝热的（$\mathrm{d}S=0$），故得：

$$\mathrm{d}u^2/2g_c = -v\mathrm{d}P \qquad (2-2-4)$$

两端各除以 u^2，并整理，得：

$$\mathrm{d}u/u = -gv\mathrm{d}P/u^2 \qquad (2-2-5)$$

式中的 g 即推导过程中的 g_c。

以上的式（2-2-2）、式（2-2-3）和式（2-2-4）都是描述同一个过程，可以把它们结合起来，将式（2-2-3）和式（2-2-4）代入式（2-2-2），并整理，得：

$$\mathrm{d}A/A = g(KPv - u^2)/Ku^2 \cdot \mathrm{d}P/P \qquad (2-2-6)$$

物理学已证明声音在压力为 P、比容为 v 的介质中的传播速度 α（或称当地声速）为：

$$\alpha = (gKPv)^{1/2}$$

因此，上式可写成：

$$dA/A = (\alpha^2 - u^2)/Ku^2 \cdot dP/P \quad (2-2-7)$$

此式即表示流体在喷管中流动时流速、压力和截面积变化的关系。它也可以写成以下的形式：

$$dA/dP = (\alpha^2 - u^2) \cdot A/Ku^2P \quad (2-2-8)$$

由此式可见：当 $u<\alpha$ 时，$\alpha^2-u^2>0$，$dA/dP>0$，即欲使流动气体的压力下降，则应当使截面积缩小。因此，当气体在收敛型喷管中流动时，随着喷管截面积不断缩小，气体的压力不断降低，气体的流速 u 随之不断增大，直至流速增大至当地声速 α，此时 $dA/dP=0$，压力不再继续降低，气体流速也不再继续增大。在另一种情况下，当 $u>\alpha$ 时，$\alpha^2-u^2<0$，$dA/dP<0$，即当气体在扩散型喷管中流动时，随着喷管截面积的不断增大，气体压力则不断下降。

如果将两种型式的喷管结合起来，在收敛型喷管之后紧接一个扩散型喷管就形成了一个如图 2-2-8 所示的扩缩喷管，这种形式的喷管也称作拉伐尔喷管。扩缩喷管的最小截面处称为喉管，喉部是气体流速从亚音速过渡到超音速的转折点，于是，当压力为 P_1 的高压水蒸气通过一个这样的喷嘴时，在喷嘴的出口处可以达到超音速和很低的压力，从而抽出需要抽走的不凝气等气体。

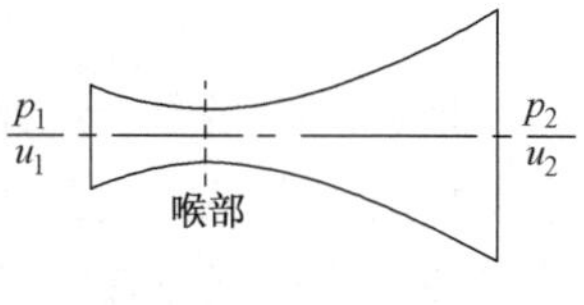

图 2-2-8　扩缩喷管

还需要解决一个问题，即如何将抽出的被吸气体从真空条件下排入大气的问题。通过前面的分析，可以设想采用一个与扩缩喷管刚好倒过来的管子来解决此问题，这个管子也称作扩压管，由于 $\alpha^2-u^2<0$，故随着扩压管截面积的减小，气流的压力逐渐升高，流速逐渐降低，到达扩压管的喉部时，气体流速降到当地声速，并在越过此点后，其流速低于当地声速。其后 $\alpha^2-u^2>0$，$dA/dP>0$，故随着扩压管截面积的增大，气流的压力逐渐升高，流速继续降低，最后气流的压力达到大气压力，就可以送入大气。

根据上述原理，蒸汽喷射器由扩缩喷管、扩压管和一个混合室构成。图 2-2-9 是蒸汽喷射器的结构示意图以及工作时流体在其中通过时其压力和流速变化的情况。

驱动流体(压力为 10^3kPa 左右的工作蒸汽)进入蒸汽喷射泵时先经过扩缩喷嘴，气流通过喷嘴时流速增大、压力降低，到喷嘴的出口处可以达到很高的流速(1000～1400m/s)和很低的压力[真空度>93.33kPa(700mmHg)]，在喷嘴的周围形成了高度真空。不凝气和少量水蒸气、油气(统称被吸气体)从进口处被抽进来，在混合室内与驱动蒸汽部分混合并被带入扩压管，在扩压管前部，两种气体进一步混合并进行能量交换。气流在通过扩压管时，其动能又转化为压力能，流速降低而压力升高，最后压力升高到能满足排除压力的要求。

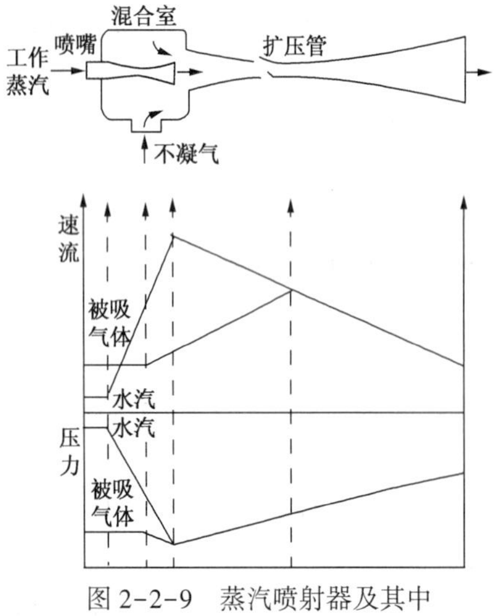

图 2-2-9　蒸汽喷射器及其中流体的压力、流速的变化

常压重油减压蒸馏塔塔顶的真空度一般要求在 93.33kPa(700mmHg)以上，通常是由两个蒸汽喷射泵串联组合的二级抽真空系统来实现。在二级抽真空系统中，一级蒸汽喷射泵从第一个冷凝器把不凝气抽出来，升高压力后排入中间冷凝器。在中间冷凝器，一级蒸汽喷射器的工作蒸汽被冷凝，不凝气再被二级蒸汽喷射器抽走，升压后排入大气。

第三章　催化裂化

第一节　催化裂化的作用及工业型式

一、催化裂化在炼油工业中的地位和作用

一般原油经常减压蒸馏后可提供10%~40%的汽油、煤油及柴油等轻质油品，其余是重质馏分和残渣油，如果不经过二次加工，它们只能作为润滑油原料或重质燃料油。但国民经济和国防需要的轻质油量是巨大的；另一方面，由于内燃机的发展，对汽油的质量提出更多的要求，而直馏汽油不能满足这些要求。原油经简单加工所能提供的轻质油品的数量和质量同生产发展所需要的轻质油品的数量和质量之间的矛盾促使了催化裂化的产生和发展。另外，如何满足石油化工原料的需要，如何节约能源以及减少环境污染等对促进催化裂化的发展也起到了重要作用。催化裂化的主要作用是将重质油品转化成高质量的轻质油品和气体，在我国，催化裂化几乎在所有的炼厂中都是最重要的二次加工手段。

二、催化裂化的工业型式

原料油在催化剂上进行催化裂化反应时，一方面通过分解等反应生成气体、汽油等较小分子的产物；另一方面同时发生缩合反应生成焦炭，这些焦炭沉积在催化剂的表面上，使催化剂的活性下降。因此，经过一段的反应时间后，必须烧去催化剂上的积炭，即“再生”。由此可见，一个工业催化裂化装置必须同时包括反应和再生两部分。

裂化反应是吸热反应，在一般工业条件下，对每千克新鲜原料的反应大约需吸热400kJ；而再生反应是强放热反应，每千克焦炭燃烧时约放出热量33500kJ。为了保持一定的温度条件，必须在反应时向系统供给热量，而在再生时则要从系统中取走热量。因此，一个工业催化裂化装置必须解决周期性地进行反应和再生这一对矛盾就成了促进催化裂化工业装置型式发展的主要推动力。

根据解决反应和再生这一对矛盾的基本方式的不同，工业催化裂化装置可分为固定床、移动床及流化床三种类型。

最先在工业上采用的是固定床催化裂化装置（1936年）。在固定床催化裂化装置中，催化剂是小球状或片状，预先放在反应器内，预热至400℃左右的原料进入反应器反应，通常经过几分钟到十几分钟，催化剂的活性就因表面积炭而下降，这时停止进料，用水蒸气吹扫后，通入空气进行再生。因此，反应和再生是轮流间歇地在同一个反应器内进行。为了在反应时供给及在再生时取走热量，在反应器内装有许多小管子，管内循环一种融盐作热载体，融盐的成分一般是40% $NaNO_2$、7% $NaNO_3$及53% KNO_3。为了使生产连续化，可以将几个反应器组成一组，轮流地进行反应和再生。固定床催化裂化的设备结构复杂，消耗钢材多，生产连续性差，因此，在工业上已被其他类型淘汰，但在试验研究中还有一定的使用价值。

20世纪40年代初期，移动床催化裂化和流化床催化裂化差不多是同时发展起来的。在移动床催化裂化装置中，原料油与催化剂同时进入反应器的顶部，它们互相接触，一面进行反应，一面向下移动。当它们移动至反应器的下部时，催化剂表面上已沉积了一定量的焦炭，于是油气从反应器的中下部导出，而催化剂则从底部下来，再由气升管用空气提升至再生器的顶部，然后，在再生器内向下移动的过程中进行再生。再生的催化剂经另一根气升管又提升至反应器。为了便于移动和减少磨损，催化剂做成 $\phi 3 \sim \phi 5mm$ 的小球。由于催化剂在反应器和再生器之间循环，起到热载体的作用，因此，移动床反应器内可以不设加热管。但是在再生器中，由于再生时放出的热量很大，虽然循环催化剂可携带走一部分热量，但还不能保持住合适的再生温度，因此，在再生器内还需要分段安装一些合金钢管，里面通入高压水进行循环，产生高压蒸汽以取走剩余的热量。

流化床催化裂化的反应和再生也是分别在两个设备中进行，其原理流程与移动床相似，只是在反应器和再生器内，催化剂与油气或空气形成与沸腾的液体相似的流化状态。为了便于流化，催化剂制成 $\phi 20\mu m \sim \phi 100\mu m$ 的微球。由于在流化状态时，反应器或再生器内温度分布均匀，而且催化剂循环量大，可以携带的热量多，减少了反应器和再生器内温度变化的幅度，因而不必再在设备内专设取热设施，从而大大简化了设备结构。同固定床催化裂化相比较，移动床或流化床催化裂化都具有生产连续、产品性质稳定及设备简化等优点。在设备简化方面，流化床的优点更突出，特别是流化床更适用于大处理量。

催化剂在催化裂化中起着十分重要的作用。20世纪60年代出现了分子筛催化剂，它具有活性高、选择性好等特点。由于分子筛催化剂的某些特性，原来的流化床反应器不能充分地发挥它的长处，于是发展了提升管反应器。原料油和催化剂由底部进入提升管反应器后，以每秒十几米的高速同时向上流动，经过几秒钟的反应后由顶部离开反应器，然后反应产物即同催化剂分离，分离出的催化剂送至再生器再生。对分子筛催化剂，要求再生催化剂含炭量降至0.2%以下或更低。为了达到这样的再生要求，在再生工艺和设备方面还发展了两段再生、高效再生、完全再生等技术。

第二节　催化裂化反应

一、各种单体烃的催化裂化反应

1. 烷烃

烷烃主要发生分解反应，分解成较小分子的烷烃和烯烃。如：

$$C_{16}H_{34} \longrightarrow C_8H_{16} + C_8H_{18}$$

生成的烷烃又可以继续分解成更小的分子。烷烃分子中的C—C键的键能随着其由分子的两端向中间移动而减小，如 C_1—C_2 键能为301kJ、C_2—C_3 键能为267kJ、C_3—C_4 键能为264kJ、C_4—C_5 键能及其他中部的C—C键为262kJ。因此，烷烃分解时多从中间的C—C键处断裂。同理，异构烷烃的反应速度又比正构烷烃的快，如在基本相同的反应条件下，正十六烷的反应速度是正十二烷的2.3倍，而2，7-二甲基辛烷是正十二烷的3倍。

2. 烯烃

烯烃的主要反应也是分解反应，还有一些其他的重要反应。

（1）分解反应。分解为两段较小分子的烯烃。烯烃的分解反应速度比烷烃高得多，如在同样条件下，正十六烯的分解反应速度比正十六烷高一倍。与烷烃分解反应的规律相似，大分子烯烃的分解反应速度比小分子的快，异构烯烃的分解速度比正构烯烃的快。

（2）异构化反应。烯烃的异构化反应有两种，一种是分子内结构改变，正构烯烃变成异构烯烃；另一种是分子中的双键向中间位置转移。如：

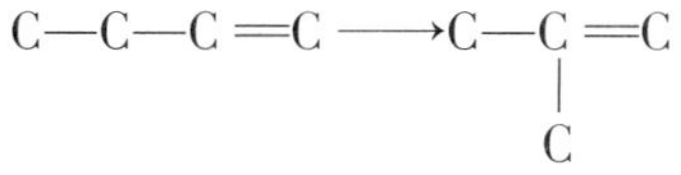

C—C—C—C—C=C ⟶ C—C—C=C—C—C

（3）氢转移反应。环烷烃或环烷-芳烃（如四氢萘、十氢萘等）放出氢使烯烃饱和而自身逐渐变成稠环芳烃。两个烯烃分子之间也可能发生氢转移反应，如两个乙烯分子之间发生氢转移反应，一个变成己烷，而另一个则变成己二烯。可见，氢转移反应的结果是一方面某些烯烃转化为烷烃；另一方面，给出氢的化合物则转化为芳烃或缩合程度更高的分子，直至缩合成焦炭。氢转移反应是造成催化裂化汽油饱和度较高的主要原因。氢转移速度较低，需要活性较高的催化剂。

（4）芳构化反应

烯烃环化并脱氢生成芳香烃。如：

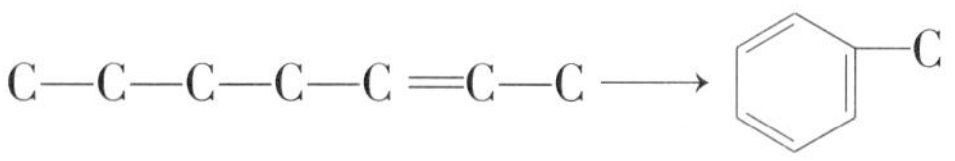

3. 环烷烃

环烷烃的环可断裂生成烯烃，烯烃再继续进行上述各项反应。如：

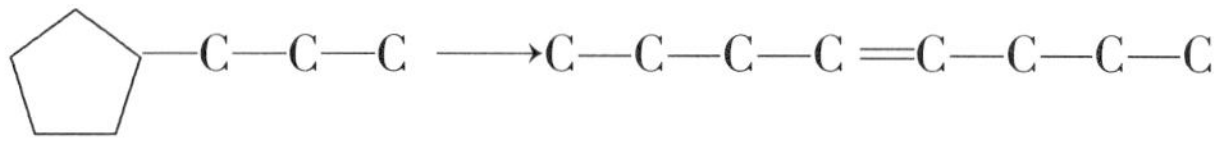

与异构烷烃相似，环烷烃的结构中有叔碳原子，因此分解反应速度较快。如果环烷烃带有较长的侧链，则侧链本身还会发生断裂。

环烷烃也能通过氢转移反应转化成芳烃。带侧链的五员环烷烃也可以异构化成六员环烷烃，再进一步脱氢生成芳香烃。

4. 芳香烃

芳香烃核在催化裂化条件下十分稳定，如苯、萘就难以进行反应。但连接在苯核上的烷基侧链很容易断裂成较小分子的烯烃，而且断裂的位置主要发生在侧链同苯核连接的键上。多环芳烃的裂化反应速度很低，它们的主要反应是缩合成稠环芳烃，最后成为焦炭，同时放出氢使烯烃饱和。

由以上可以看出：在催化裂化条件下，烃类进行的不仅仅是分解反应，不仅有大分子分解为小分子的反应，而且有小分子缩合成大分子的反应（甚至缩合至焦炭）。与此同时，还进行异构化、氢转移、芳构化等反应。在这些反应中，分解反应是最主要的反应，催化裂化这一名称就是因此而得。

二、石油馏分的催化裂化反应

1. 各类烃之间的竞争吸附和对反应的阻滞作用

烃类的催化裂化反应是在催化剂表面上进行的。在一般催化裂化条件下，原料油是气相，因此，催化裂化反应是属于气-固非均相催化反应。反应物首先从油气流扩散到催化剂表面（主要是催化剂微孔中的表面），并且吸附在表面上，然后在催化剂的作用下进行化学

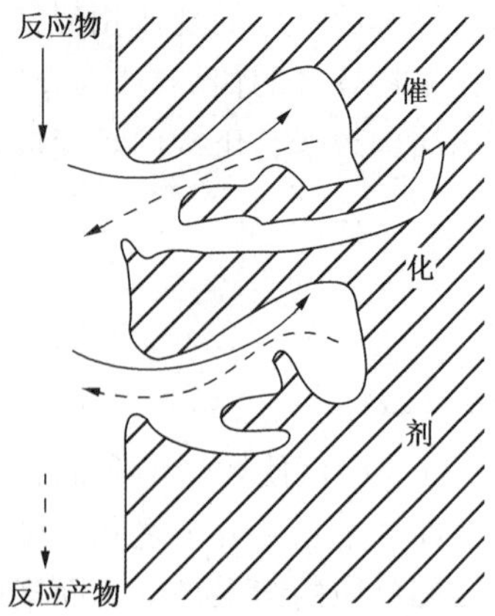

图 2-3-1　气-固相催化反应示意图

反应，生成的反应产物先从催化剂的表面上脱附，再从微孔里扩散至油气流中，导出反应器。图 2-3-1 是这一过程的示意图。

由此可见，烃类催化裂化反应的先决条件是在催化剂表面上的吸附。根据实验数据，各种烃类在裂化催化剂上的吸附能力按其强弱顺序大致可排列如下：

稠环芳烃>稠环环烷烃>烯烃>单烷基侧链的单环芳烃>环烷烃>烷烃

在同一族烃类中，大分子的吸附能力比小分子的强。

如果按化学反应速度的高低顺序排列则大致情况如下：

烯烃>大分子单烷基侧链的单环芳烃>异构烷烃及环烷烃>小分子单烷基侧链的单环芳烃>正构烷烃>稠环芳烃

显然，这两个排列顺序是有差别的，特别突出的是稠环芳烃和小分子单烷基侧链（$<C_3$）的单环芳烃，它们的吸附能力最强而化学反应速度却最低。因此，当裂化原料中含有这类烃类较多时，它们首先占据了催化剂表面，但是它们却反应的很慢，而且不易脱附，甚至缩合至焦炭，干脆不离开催化剂表面了，这样就大大防碍了其他烃类被吸附到催化剂表面上来进行反应，从而使整个石油馏分的反应速度降低。

认识到这个特点对指导生产有现实意义。如芳香烃基原油、催化裂化循环油或油浆（其中含较多的稠环芳烃）较难裂化，要选择合适的反应条件或先通过加氢使其中的稠环芳烃转化成环烷烃而变成优质的裂化原料。

2. 平行–顺序反应

单体烃在催化裂化时可以同时朝几个方向进行反应，而且初次反应的产物还可以继续进行反应，石油馏分也是如此。在工业生产中，常常是从几种主要产物的产率来考察石油馏分的催化裂化反应，所以对于重质馏分的催化裂化，可以用图 2-3-2 作大致的描述。由图可见：原料朝着几个方向同时进行反应，这种反应叫平行反应。同时，随着反应深度的加深，中间产物又会继续反应，这种反应叫顺序反应。因此，石油馏分的催化裂化反应是一种复杂的平行–顺序反应。

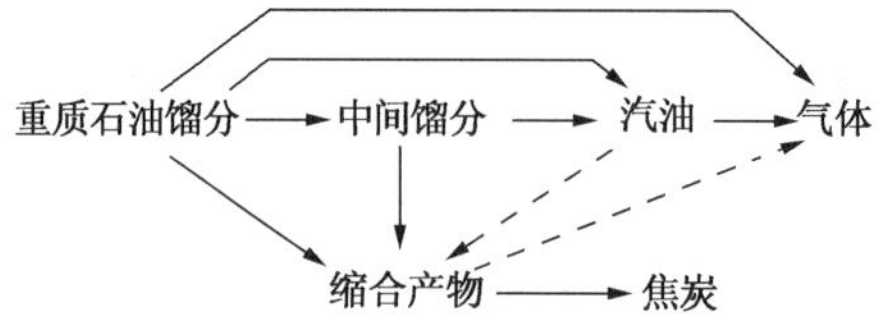

图 2-3-2　石油馏分的催化裂化反应

（虚线表示不重要的反应）

平行–顺序反应的一个重要特点是反应深度对各产品产率的分配有重要影响。由图 2-3-3可见：随着反应时间的增长，转化率提高，最终产物气体和焦炭的产率一直增加，而汽油的产率开始时增加，经过一段最高点后下降，这是因为到一定反应深度后，汽油分解成气体的速度高于生成汽油的速度，汽油实际上是重馏分裂化时的中间产物。同理，对于柴油产率来说，也像汽油产率曲线那样有一个最高点，只是这个最高点出现在转化率较低的时候。通常把初次反应产物再继续进行的反应叫做二次反应。

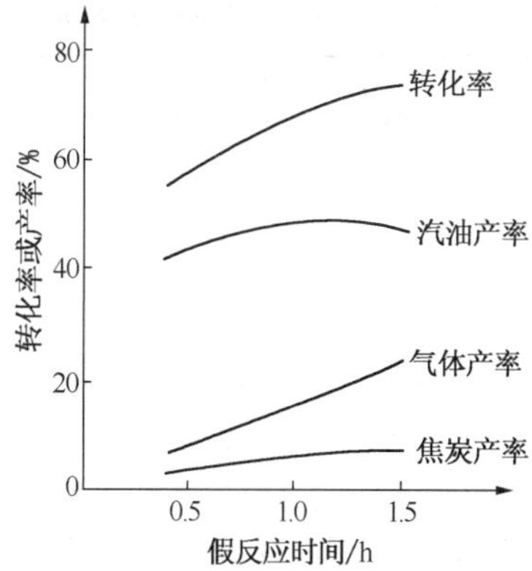

图 2-3-3　克拉玛依原油 320～510℃馏分的催化裂化结果

其他的二次反应，所希望的有烯烃异构化生成高辛烷值的汽油组分；烯烃和环烷烃氢转移生成稳定的烷烃和芳烃。不希望的有烯烃进一步裂化为干气；丙烯和丁烯通过环烷烃的氢转移而饱和；烯烃及高分子芳烃缩合生成焦炭等。

在工业中，如果主要目的产物是汽油，应该选择在汽油产率最高点处的单程转化率(即原料一次通过反应器的转化率)，这个最佳单程转化率因原料的性质不同而异，通常是在50%～70%之间。如果要求更多的原料转化成产品，则应当将反应产物分馏，然后再把“未反应的原料”与新鲜原料混合，重新送入反应器，回炼油中实际包括了相当多的反应中间产物，其中芳烃含量比新鲜原料高，所以它也比新鲜原料难裂化。

采用缓和的反应条件使单程转化率低些，对多出柴油是有利的。我国对柴油的需要量相对大些，采用的反应温度一般比国外的低。

第三节　催化裂化催化剂

催化剂的作用是促进化学反应速度。由于催化剂可以有选择性地促进某些反应，因此，催化剂不仅对某些化学反应的速度(对一定的反应器来说就是处理能力)，而且对目的产物的产率和质量起着决定性的作用。

一、裂化催化剂的种类、组成和结构

工业上广泛应用的裂化催化剂可分为两大类：一类是无定形的硅酸铝，其中包括天然活性白土、合成普通(低铝)硅酸铝及合成高铝硅酸铝；另一类是结晶型硅铝酸盐，又称分子筛催化剂。

1. 无定形硅酸铝催化剂

最初使用的是处理过的天然活性白土，其主要成分就是硅酸铝，后来人工合成的硅酸铝由于具有更高的稳定性而得到广泛的应用。我国 1958 年就已生产小球状(ϕ3mm～ϕ5mm)合成硅酸铝，用于移动床反应器；1965 年开始生产用于流化床反应器的微球状(ϕ20μm～ϕ100μm)合成硅酸铝，其商品牌号为 3A 催化剂。

硅酸铝的主要成分是氧化硅和氧化铝，依铝含量的不同，合成硅酸铝可分为低铝和高铝两种，低铝硅酸铝含 $Al_2O_3$10%～13%，高铝硅酸铝含 Al_2O_3约 25%，它们的大致化学组成见表 2-3-1。其中 Al_2O_3、SiO_2和少量的水是必要的活性组分，而其他则是残留的杂质。

表 2-3-1　硅酸铝催化剂的组成

组　成	低　铝	高　铝
SiO_2/%干基	86	74
Al_2O_3/%干基	13	25
Na_2O/%干基	0.01	0.03
Fe/%干基	0.05	0.05
SO_4^{2-}/%干基	0.2	0.5
615℃灼烧减量/%湿基	10	12

合成硅酸铝是由 Na_2SiO_3(俗名水玻璃)和 $Al_2(SO_4)_3$溶液按一定比例配合生成凝胶，再经过水洗、过滤、成型、干燥活化等步骤制成。

无定形硅酸铝催化剂具有很多不规则的微孔，它的颗粒密度大约是 $1g/cm^3$，而孔体积达 $0.4\sim0.7cm^3/g$，也就是说，每克催化剂中的微孔空穴的体积约占整个颗粒体积的 1/2，有时甚至更大。这些微孔直径大小不均一，一般平均孔径为 40~70Å($1Å=1\times10^{-8}cm$)。由于这些微孔结构，硅酸铝催化剂具有很大的内表面积，新鲜的硅酸铝催化剂的比表面积可达 $500\sim700m^2/g$，这些表面提供了化学反应进行的场所。在生产过程中，由于高温及水蒸气的作用，小孔径的微孔遭到破坏，平均孔径增大而比表面积减小，这种现象叫做“老化”。

催化剂的表面结构对化学反应进程有重要的影响。如当微孔的孔径过小时，反应产物不易从微孔中扩散出来，于是留在微孔内继续裂化而最后生成较多的气体和焦炭，微孔孔径太小时，也会影响到再生燃烧的速度。通常比表面积大的催化剂具有较高的活性，但这并不是绝对的规律，因为催化剂所以具有促进化学反应的活性是由于表面上的活性中心，许多研究工作证明硅酸铝催化剂的表面具有酸性。

2. 结晶型硅铝酸盐催化剂(分子筛催化剂)

分子筛催化剂是 20 世纪 60 年代发展起来的一种新型催化剂。工业上应用的分子筛催化剂一般含 5%~15%的分子筛，其余组分是担体。工业上采用的担体有天然活性白土、合成低铝硅酸铝或高铝硅酸铝。

分子筛也称结晶型泡沸石，是一种具有晶格结构的硅铝酸盐，按其组成及晶体结构的不同，可分为 A 型、X 型、Y 型及丝光沸石等几种，如表 2-3-2 所示。

表 2-3-2　分子筛的化学组成和孔径

类型	孔径/Å	单元晶胞化学组成	硅铝原子比
4A	4.2	$Na_{12}[(AlO_2)_{12}(SiO_2)_{12}]\cdot27H_2O$	1:1
5A	5	$Na_{26}Ca_{47}[(AlO_2)_{12}(SiO_2)_{12}]\cdot31H_2O$	1:1
13X	8~9	$Na_{86}[(AlO_2)_{86}(SiO_2)_{100}]\cdot264H_2O$	(1.5~2.5):1
Y	8~9	$Na_{56}[(AlO_2)_{56}(SiO_2)_{136}]\cdot264H_2O$	(2.5~5):1
丝光沸石	5.8~6.9	$Na_8[(AlO_2)_8(SiO_2)_{40}]\cdot24H_2O$	5:1

工业上用作催化剂的主要是 X 型和 Y 型分子筛。这两种分子筛的晶体结构是相同的，其差别主要是其中的硅铝原子比不同。图 2-3-4 是它们的单元晶胞结构。每个单元晶胞由八个削角八面体组成，削角八面体的每个顶端是 Si 或 Al 原子，其间由氧原子相连接。由八个削角八面体围成的空洞称为“八面沸石笼”，它是催化反应进行的主要场所。在 25℃时能

容纳 2.8 个分子的异辛烷或 5.4 个分子的苯。进入八面沸石笼的主要通道是由十二员环组成，其平均直径为 0.8~0.9nm。钠离子的位置有三处，如图 2-3-5 所示。

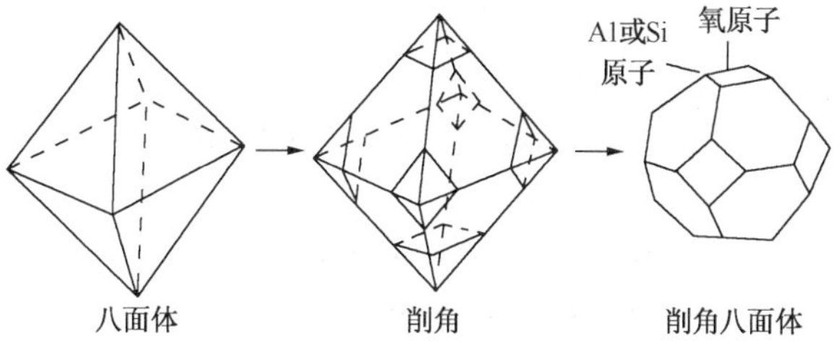

图 2-3-4　削角八面体

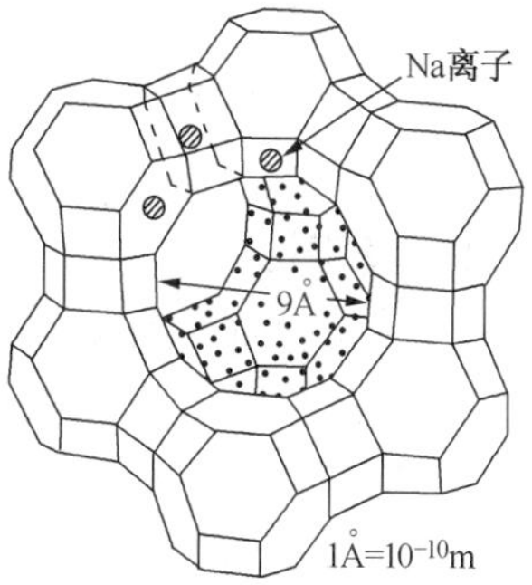

图 2-3-5　X 型、Y 型分子筛的晶体结构(八面沸石笼)

人工合成的分子筛是含钠离子的分子筛，这种分子筛没有催化活性。分子筛中的钠离子可以用离子交换的方式与其他阳离子置换，用其他阳离子特别是多价阳离子置换后的 X 型、Y 型分子筛具有很高的催化活性。工业上用作裂化催化剂的主要有三种：

(1) 以氢离子置换得到的 H-Y 型分子筛。置换方法是先以 NH_4^+ 置换 Na^+，然后加热除去 NH_3 即剩下 H^+。

(2) 以稀土金属离子(如铈、镧、镨等)置换得到的稀土-Y 型分子筛。因为稀土元素可用符号 Re 表示，故又可简写成 Re-Y 型分子筛。

(3) 兼用氢离子和稀土金属离子置换得到的 Re-H-Y 型分子筛。

除了用 Y 型分子筛外，也有用 X 型分子筛的。

与无定形硅酸铝相似，分子筛也是一种多孔性物质，具有很大的内表面，新鲜分子筛催化剂的比表面积一般在 600~800m^2/g，但是分子筛是晶体结构，孔直径比较均匀，其孔径大小为分子大小数量级。研究结果表明，分子筛催化剂的表面也具有酸性，当用酸性中心的密度表示时，分子筛的单位面积上的酸性中心数约为硅酸铝的 100 多倍，这个数据可以解释为什么分子筛的活性比无定形硅酸铝的高 100 多倍。

经过离子交换的 X 型、Y 型分子筛的活性比硅酸铝高出上百倍，有些研究表明，当用某些单体烃的裂化速度来比较时，某些分子筛的催化活性甚至比硅酸铝的高万倍。这样高的活性在生产工艺中难以应用，因此，在工业上所用的分子筛催化剂中只含有 5%~15%的分子筛，其余的是起稀释作用的担体。

二、裂化催化剂的使用性能

对一种催化剂的评价，除列出它的化学组成和表面结构数据(如比表面积、孔体积、平均孔径等)以外，还需要一些与生产情况直接关联的指标。对裂化催化剂来说，这些指标主要是密度、活性、稳定性、选择性、筛分组成及机械强度等。

1. 密度

由于裂化催化剂是微球(或小球)状多孔物质，故其密度有几种不同的表示方法。

(1) 真实密度。颗粒骨架本身所具有的密度，即颗粒的质量与骨架实际所占体积之比，又称骨架密度，一般是 2~2.2g/cm^3。

（2）颗粒密度。把微孔体积计算在内的单个整粒的密度，一般是0.9~1.2g/cm^3。

（3）堆积密度。催化剂堆积时包括微孔体积和颗粒间的空隙体积的密度，一般在0.5~0.8g/cm^3。

催化剂的堆积密度常用于计算催化剂的体积和质量，催化剂的颗粒密度对催化剂的流动性能有重要影响。

2. 活性、稳定性

活性是评价催化剂具有促进化学反应能力的重要指标。对裂化催化剂的活性，工业上有好几种测定和表示方法，它们都是条件性的。

对于硅酸铝催化剂，国内采用D+L活性法。该法是以大庆原油230~350℃馏分为原料油，在小型固定床(装催化剂25mL或100mL)中，在500℃、空速2h^{-1}的反应条件下，反应1h，所得液体产物中<204℃的汽油质量与蒸馏损失之和占原料油的质量分数，为该催化剂的D+L活性。

在生产现场中，为了及时地根据催化剂的活性调整生产操作，经常采用较简便的间接测定法，即KOH指数法。裂化催化剂的活性与其表面的酸性直接相关，而且酸性的强弱可以用KOH溶液来确定。每克催化剂所需的KOHmg摩尔数叫做KOH指数，然后由经验图表查得相应的催化剂D+L活性。

对于分子筛催化剂，由于它具有很高的裂化活性，而且焦炭的沉积对其活性的影响很大，因此，采用D+L法来测其活性不能很好地反映其真实性能，一般采用微型反应器来评价分子筛催化剂的活性，称为微活性测定法。在微型反应器中装入5g欲测定的催化剂(新鲜催化剂预先经高温及水蒸气老化)，以轻柴油为原料，在460℃、空速16h^{-1}的反应条件下，反应70s，所得产物(<204℃汽油+气体+焦炭)质量占总进料量的百分数，为该催化剂的微活性。在这样的试验条件下，总进料量很少，不足2g，所得液体产物也很少，难以用一般分馏方法来测定汽油产率，因此需借助程序升温转化色谱来测定产品产率。

在生产过程中，由于高温及水蒸气的作用，催化剂表面结构的某些部分遭到破坏，活性降低。通常在一定条件下(如常压800℃用水蒸气处理4h)使新鲜催化剂老化，然后再测定其活性并与初活性比较来评价裂化催化剂的稳定性。催化剂的稳定性越好，则经老化后其活性下降的越少。高铝硅酸铝的稳定性优于低铝硅酸铝，而分子筛的稳定性则更高。在分子筛催化剂中，Y型的稳定性一般比X型的好。分子筛催化剂载体的性能对催化剂的稳定性有重要影响。

新鲜催化剂在开始投用一段时间内，活性急剧下降，待降到一定程度后则缓慢下降，因此初活性不能真实反映实际的生产情况。由于在生产过程中会损失一部分催化剂并需要定期地补充一定量的新鲜催化剂，因此在生产装置中的催化剂活性能保持在一定的水平上，此时的活性称为“平衡催化剂活性”。平衡催化剂活性的高低取决于催化剂的稳定性和新鲜催化剂的补充量。普通硅酸铝的平衡活性一般在26~30左右(D+L活性)，分子筛的平衡活性约为60~70(微活性)。

3. 选择性

在一个催化反应过程中，总希望催化剂能比较有效地促进那些能增加目的产物的产率或改善产品质量的反应，而对其他不利的反应则不起或少起促进作用，如果某种催化剂能满意地达到这个要求，则这种催化剂的选择性好。对于催化裂化过程，其主要目的产物是汽油，如果气体和焦炭的产率高，则汽油的产率会降低(在转化率不高的条件下)，而且焦炭产率高会增大再生器的负荷。因此，对裂化催化剂的选择性常常以“汽油产率/焦炭产率”或“汽油产率/转化率”来表示。我国的具体条件与国外有所不同，我国的催化裂化除了生产汽油外，还希望多产柴油，因此，也可以从这个角度来评价催化剂的选择性。

裂化催化剂的选择性与它的表面结构有密切的关系。分子筛催化剂由于具有孔径大小合适而且均匀的晶体结构，它的选择性优于无定形硅酸铝。据某些装置的数据来看，与硅酸铝催化剂比较，当焦炭产率相同时，使用分子筛催化剂可以提高汽油产率约15%～20%。

4. 筛分组成、机械强度

在流化床催化裂化中，为了保证良好的流化状态，要求催化剂颗粒有适宜的粒径，一般要求在20～80μm之间。在制造微球催化剂时是采用喷雾干燥成型的方法，不可能得到粒径均一的产品，因此只要求催化剂有适宜的筛分组成。在生产过程中，由于在流化床中催化剂之间及催化剂与器壁之间的激烈碰撞，使大颗粒粉碎，所以在平衡催化剂中>80μm的成分比新鲜催化剂少；同时由于细粉不易被旋风分离器回收而损失，使平衡催化剂中的细粉含量降低。

为了避免在生产过程中催化剂过渡粉碎以保证良好的催化质量和减少损耗，要求催化剂有一定的机械强度。我国采用“磨损指数”来评价微球催化剂的机械强度。测定方法是将一定量的微球催化剂放在特定的仪器中，用高速气流冲击4h后，所生成的<15μm细粉的质量占试样中>15μm催化剂质量的百分数即为磨损指数，通常要求微球催化剂的磨损指数≯3%～5%。

第四节 催化裂化工艺流程

催化裂化装置一般由三部分组成，反应-再生系统、分馏系统和吸收-稳定系统。在反应压力较高(如>0.25MPa的装置)，通常还有再生烟气的能量回收系统。图2-3-6是高低并列式提升管催化裂化装置的工艺流程。

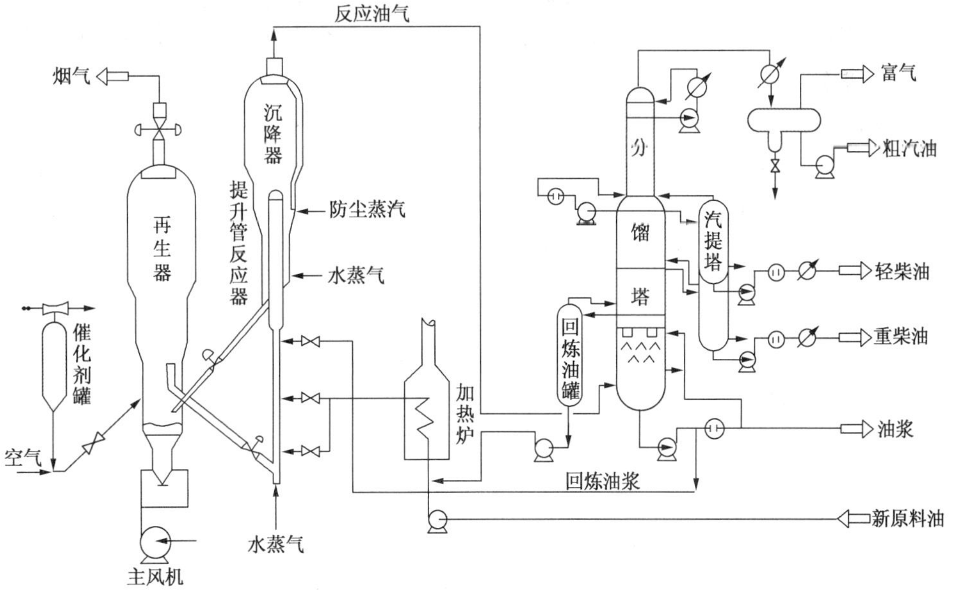

图2-3-6　催化裂化工艺流程

1. 反应–再生系统

新鲜原料油(减压馏分、焦化馏出油等)经换热后与回炼油混合，经加热炉加热至300~400℃后至反应器的稀相提升管下部的喷嘴，原料油用蒸汽雾化并喷入稀相提升管内，在其中与来自再生器的高温催化剂(600~750℃)接触，随即汽化并进行反应。油气在提升管内的停留时间很短，一般只有几秒钟。反应产物经旋风分离器分离出夹带的催化剂后离开反应器去分馏塔。

积有焦炭的催化剂(称待生催化剂)由沉降器落入下面的汽提段。汽提段内装有多层人字形挡板，并在底部通入过热蒸汽，待生催化剂上吸附的油气和颗粒之间空间的油气被水蒸气置换出而返回上部。经汽提后的待生剂通过待生斜管进入再生器。

再生器的主要作用是烧去催化剂上因反应生成的积炭，使催化剂的活性得以恢复。再生用空气由主风机供给，空气通过再生器下面的辅助燃烧室及分布板进入密相床层。对于热平衡式装置，辅助燃烧室只是在开工升温时才使用，正常运转时并不烧燃料油。再生后的催化剂(称再生催化剂)落入溢流管，再经再生斜管送回反应器循环使用。再生烟气经旋风分离器分离出来夹带的催化剂后，经双动滑阀排入大气。再生烟气的温度很高，而且含有约5%~10%的CO，为了利用其热量，不少装置设有CO锅炉，利用再生烟气来产生水蒸气。对于操作压力较高的装置，常常还设有烟气能量回收系统，利用再生烟气的能量和压力做功，驱动主风机以节约电能。

在生产过程中催化剂会有损失，为了保持系统内催化剂藏量，需要定期地或经常地向系统补充新鲜催化剂。在一些催化剂损耗很低的装置，由于催化剂老化减活及重金属污染，也需要补充催化剂以保持系统内平衡催化剂的活性。在置换催化剂及停工时则要从系统内卸出催化剂，为此，装置内至少应设两个催化剂储罐。

2. 分馏系统

典型的催化裂化分馏系统见图2–3–6。由反应器来的反应产物油气从底部进入分馏塔，经底部的脱过热段后在分馏段分成几个中间产品，塔顶为汽油及富气，侧线有轻柴油、重柴油和回炼油，塔底产品是油浆。轻柴油和重柴油分别经汽提塔，再经换热、冷却后出装置。为了取走分馏塔的过剩热量，设有顶循环回流、一个至两个中段回流以及塔底油浆循环。

3. 吸收–稳定系统

从分馏塔顶油气分离器出来的富气中带有汽油组分，而粗汽油中则溶解有C_3、C_4甚至C_2组分，吸收–稳定系统的作用就是利用吸收和精馏的方法将富气和粗汽油分离成干气($\leq C_2$)、液化气(C_3、C_4)和蒸气压合格的稳定汽油。

第四章　燃料油精制

从原油常减压蒸馏、催化裂化等加工过程得到的汽油、喷气燃料、煤油和柴油等燃料，它们的性能不能全面满足产品的规格要求，这种半成品往往不能作为商品使用，需要进一步加工。一般需要通过以下三种方法：

1. 精制

将半成品中的某些杂质或不理想的成分除掉，以改善油品质量的加工过程称为精制过程。在燃料生产中应用的精制过程主要有：

(1) 化学精制。使用化学药剂，如硫酸、氢氧化钠等与油品中的一些杂质，如硫化合物、氮化合物、胶质、沥青质、烯烃和二烯烃等发生化学反应，将这些杂质除去，以改善油品的颜色、气味、安定性，降低硫、氮的含量等。

(2) 溶剂精制。利用某些溶剂对油品的理想组分或非理想组分(或杂质)的溶解度不同，选择性地从油品中除掉某些不理想组分，从而改善油品的某些性质。如用二硫化碳或糠醛作为溶剂，降低柴油的芳香烃含量，改善柴油的燃烧性能。采用这种方法可使芳香烃含量较高的催化裂化循环油生产合格的成品柴油。

(3) 吸附精制。利用一些固体吸附剂，如白土等对极性化合物有很强的吸附作用，脱除油品的颜色、气味，除掉油品中的水分、悬浮杂质、胶质、沥青质等极性物质。

(4) 加氢精制。由于有高压氢气和催化剂的存在，不但各种石蜡基及环烷基硫化物的脱硫反应容易进行，而且芳香基硫化物也同样能进行反应。此外原料中的烯烃和二烯烃等不饱和烃可以得到饱和，含氧、氮等非烃化合物中的氧和氮也能变成水、氨而从油中除去，与此同时，烃基却仍旧保留在油品中，因而产品质量得到很大的改善，精制产品的产率在各种精制方法中也最高。因此，加氢精制已逐步代替其他的精制过程而成为重要的燃料精制过程。

(5) 柴油冷榨脱蜡。用冷冻的方法，使柴油中含有的蜡结晶出来，所得的油为低凝点的柴油，含油的蜡经脱油后可制成商品石蜡。

2. 油品调合

调合是用不同质量的油品，选择适当比例进行掺合，使调合产品达到规格要求。如用辛烷值较高的催化裂化汽油与辛烷值较低的直馏汽油按一定比例调合，得到辛烷值符合规格要求的车用汽油；又如十六烷值较低的焦化柴油和一部分十六烷值较高的直馏柴油掺合后，使柴油的燃烧性能符合规格要求。

3. 加入添加剂

在油品中加入少量添加剂，使油品性能得到较明显的改善。

第一节　酸碱精制

原油蒸馏得到的直馏汽油、喷气燃料、灯油、柴油以及二次加工过程，特别是热裂化、焦化、催化裂化得到的汽油和柴油，不同程度地含有硫化物、氮化物以及有机酸、酚、胶质和烯烃、二烯烃等，因此造成油品性质不安定、质量差，需要进行精制，将这些有害物质不同程度地从燃料中除去。酸碱精制是最早出现的一种精制方式，这种精制方式工艺简单，设备投资和操作费用较低。我国炼油厂中采用的电-化学精制，是将酸碱精制与高压电场加速沉降分离相结合的方法。

一、酸碱精制的原理

1. 碱洗

在碱洗过程中用浓度为10%~30%的氢氧化钠水溶液与油品混合，碱液与油品中的烃类几乎不起作用，它只与酸性的非烃类化合物起反应，生成相应的盐类，这类盐大部分溶于碱液而从油中除去。因此，碱洗可以除去油中的含氧化合物(如环烷酸、酚类等)和某些含硫化合物(如硫化氢、低分子硫醇等)以及中和酸洗之后残余的酸性产物(如磺酸、硫酸酯等)。

硫化氢与碱液的反应如下：

$$H_2S+2NaOH \longrightarrow Na_2S+2H_2O$$

$$H_2S+NaOH \longrightarrow NaSH+H_2O$$

$$Na_2S+H_2S \longrightarrow 2NaSH$$

当碱用量大时生成 Na_2S，用量小时生成 NaSH，Na_2S 及 NaSH 均溶于水中，因此，H_2S 可以用碱洗除去。

环烷酸、酚及低分子硫醇等与碱液的反应是一个可逆反应，生成的盐类可以在很大程度上发生水解反应。随着它们相对分子质量的增大，其盐类的水解程度也加大，而它们本身在油中的溶解度相对地增加，在水中的溶解度相对地下降，因此用碱洗的办法，并不能将它们完全从油中清洗除去。环烷酸、硫醇与碱液的反应如下：

$$RCOOH+NaOH = RCOONa+H_2O$$

$$RSH+NaOH = RSNa+H_2O$$

这些盐类的水解程度随碱液浓度加大及温度降低而下降，所以如果要用碱洗较彻底地除去环烷酸及硫醇等非烃类化合物，必须采用较低的操作温度和较高的碱液浓度。

由于碱液的作用只能除去硫化氢及大部分环烷酸、酚类和硫醇，所以碱洗过程有时不单独应用，而是与硫酸洗涤联合应用，统称为“酸碱精制”。在硫酸精制之前的碱洗称为预碱洗，主要是除去硫化氢；在硫酸精制后的碱洗，其目的是除去酸洗后油品中残余的酸渣。由于上述两类反应可以进行得相当完全，因此在实际生产中为了降低操作费用，采用稀碱液及常温作为碱洗条件。

2. 硫酸洗涤

在精制条件下浓硫酸对油品起着化学试剂、溶剂和催化剂的作用。浓硫酸可以与油品中的某些烃类和非烃类化合物进行化学反应，或者以催化剂的形式参与化学反应，而且对各种烃类和非烃类化合物均有不同的溶解能力。

在一般的硫酸精制条件下，硫酸对各种烃类除可微量溶解外，对正构烷烃、环烷烃等主要组分基本上不起化学作用，但与异构烷烃、芳香烃，尤其是烯烃则有不同程度的化学作用。异构烷烃和芳香烃可与硫酸进行一定程度的磺化反应，反应生成物溶于酸渣而被除去。

烯烃与硫酸在不同条件下，进行下列反应：

(1) 酯化反应。当硫酸用量多、温度低于30℃时，生成酸性酯：

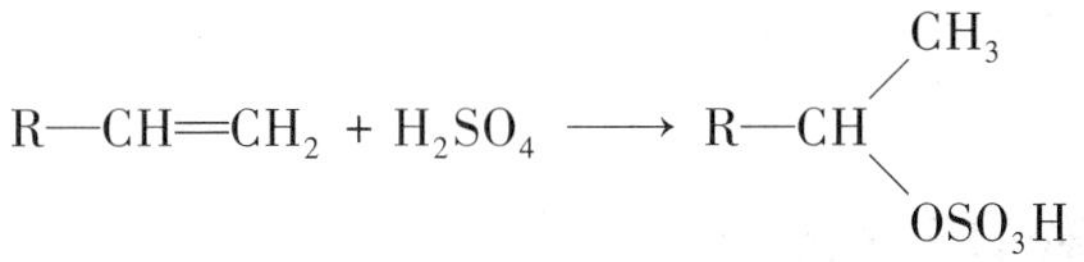

当酸用量少、温度高于30℃时，生成中性酯：

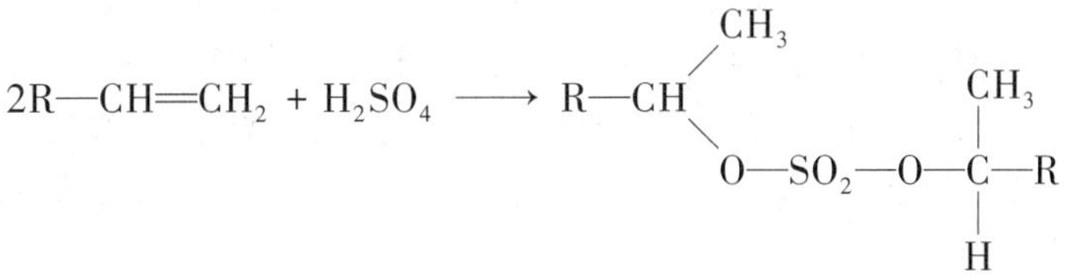

酸性酯大部分溶于酸渣而被除去；而中性酯大部分溶于油中，影响油品质量，需要进一步用再蒸馏的方法除去。

(2) 叠合反应。这个反应在较高的温度及酸浓度下，通过生成酸性酯而进行。所以生成的二分子或多分子叠合物大部分溶于油中，使油品终馏点升高，叠合物需用再蒸馏法除去。二烯烃的叠合反应能剧烈地进行，反应产物胶质溶于酸渣中。

硫酸对非烃类可较多地溶解，并显著地起化学反应。

胶质与硫酸有三种作用：一部分溶于硫酸中；一部分缩合成沥青质，沥青质与硫酸反应也溶于酸中；一部分磺化后也溶于酸中。

环烷酸及酚类可部分地溶解于浓硫酸中，也能与硫酸起磺化反应，磺化产物溶解于酸中，因而基本上也能被酸除去。

硫化物与硫酸的作用可由表2-4-1看出，硫酸对大多数硫化物可借化学反应及物理溶解作用而将其除去，但硫化氢在硫酸的作用下氧化成硫，仍旧溶解于油中。故在油品中含有相当数量的硫化氢，须用预碱洗先除去硫化氢。

表2-4-1　硫酸对各种硫化物的作用

硫化物类型	作　用	结　果
硫	无作用，不溶于酸	未除去
硫化氢	作用生成硫，不溶于酸	仅反应，未除去
硫醇	作用生成二硫化物，大部分溶于酸	反应后大部分被除去
硫醚	溶解于酸	基本上除去
二硫化物	大部分溶解于酸	大部分除去
噻吩	作用生成磺酸后溶解于酸	基本上除去
四氢化噻吩	无作用，不溶于酸	未除去

碱性氮化合物如吡啶等可以全部地被硫酸除去。

硫酸对各类杂质的反应速度大致顺序如下：①碱性氮化物，如胺类、酰胺类及氨基酸等；②胶质、沥青质；③烯烃；④芳香烃；⑤环烷酸。

总之，硫酸洗涤可以很好地除去胶质、碱性氮化物和大部分环烷酸、硫化物等非烃类化合物以及烯烃和二烯烃，同时也除去一部分良好的组分，如异构烷烃和芳香烃。

3. 高压电场沉降分离

酸和碱在油品中分散成适当直径的微粒，在高电压(15000~25000V)的直流(或交流)电场的作用下，加速了导电微粒在油品中的运动，强化油品中不饱和烃、硫化合物、氮化合物等与酸碱的反应；同时加速反应产物颗粒间的相互碰撞，促进了酸、碱渣的聚集和沉降作用，达到有效的分离。

二、酸碱精制过程的工艺流程

酸碱精制的工艺流程一般有预碱洗-酸洗-水洗-碱洗-水洗等步骤。依原料(需精制的油品)的种类、杂质的含量和精制产品的质量要求，决定每一步骤是否必要。如酸洗前的预碱洗并非都需要，只有当原料中含有很多的硫化氢时才进行预碱洗；而酸洗后的水洗则是为了除去一部分酸洗后未沉降完全的酸渣，减少后面碱洗时的用碱量；对直馏汽油和催化裂化汽油及柴油通常只采用碱洗。

图2-4-1为酸碱精制-电沉降分离过程的原理流程。原料(需精制的油品)经原料泵首先与碱液在文氏管和混合柱中进行混合、反应，混合物进入电分离器，电分离器通入20000V左右的高压交流电或直流电，碱渣在高压电场下进行凝聚、分离。一般电场梯度为1.6~3.0kV/cm。碱渣自电分离器的底部排出，经碱洗后的油品自顶部流出，与硫酸在第二套文氏管和混合柱中进行混合、反应，然后进入酸洗电分离器，酸渣自电分离器底部排出。酸洗后油品自顶部排出，与碱液在第三套文氏管和混合柱中进行混合、反应，然后进入碱洗电分离器，碱渣自电分离器底部排出。碱洗后油品自顶部排出，在第四套文氏管和混合柱中与水混合，然后进入水洗沉降罐，除去碱和钠盐的水溶液，废水自罐底排出，顶部流出精制油品。

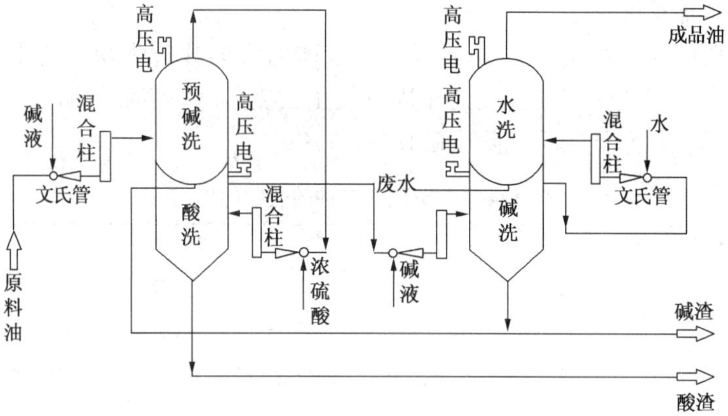

图2-4-1 酸碱精制-电沉降分离过程的原理流程

三、酸碱精制操作条件的选择

酸碱精制特别是硫酸精制，一方面能除去轻质油品中的有害物质，另一方面也会和油品中的有用组分反应造成精制损失，甚至反而影响油品的某些性质。因此，必须正确合理地选择精制条件，才能保证精制产品的质量，提高产品收率。

硫酸精制的损失由两部分组成，即酸渣损失和叠合损失。酸渣损失的数量为酸渣量与消耗的硫酸用量之差；叠合损失的数量为精制产品与再蒸馏后得到的与原料终馏点相同的产品数量之差。

在精制过程中，过于苛刻的精制条件，如提高精制温度、增大硫酸浓度和用量、增加油品与酸进电分离器前的接触时间，都会使叠合等副反应增加，引起产品收率下降。而且过多的芳香烃和异构烷烃溶于硫酸，进入酸渣而损失，会使汽油辛烷值降低。反之，精制温度过低，硫酸浓度过低，酸用量不足以及接触时间过短，会使油品精制深度不够深，精制油品的质量得不到保证。因而，正确合理地选择精制条件，保证产品的质量，提高产品的收率是非常重要的。

1. 精制温度

采用较高的精制温度，对除去芳香烃、不饱和烃以及胶质是有利的，但是叠合损失较大，产品收率低；采用较低的精制温度，有利于脱除硫化物。因而硫酸精制通常在20~35℃的常温下进行。

2. 硫酸浓度

一般为93%~98%。硫酸浓度增大，会引起酸渣损失和叠合损失增大。在精制含硫量较大的油品时，为保证产品含硫量合格，必须在低温下使用浓硫酸(98%)，并尽量缩短接触时间。这样的条件不仅提高了脱硫的效率，同时由于降低温度后，硫酸与烃类作用减缓，使硫酸可以溶解更多的硫化物，更有利于脱硫的进行。

3. 硫酸用量

一般为原料的10%，对于多硫的原料则应适当增大硫酸用量。

4. 接触时间

油品与酸渣接触时间过长，会使副反应增多，增大叠合损失，引起精制收率降低，也会使油品颜色和安定性变坏；接触时间过短，反应不完全，达不到精制的目的，同时也降低了硫酸的利用率。一般在油品与硫酸混合后到进入电场前的接触时间为数秒到数分钟。适当的延长油品在电场中的停留时间有利于酸渣的沉降分离，从而保证产品的精制效果。

5. 碱的浓度和用量

在碱洗过程中，为了增加液体体积，提高混合程度和减少钠离子带出，一般采用10%~30%的低浓度碱液，碱用量一般为原料质量的0.02%~0.2%。

6. 电场梯度

一般为1600~3000V/cm。电场梯度过低，起不到均匀及快速分离的作用；但过高则不利于酸渣的沉聚。

酸碱精制过程虽然有技术简单、设备投资少和容易建设等特点，但由于需要消耗大量的酸碱，产生的酸碱废渣不易处理和严重污染环境，以及精制损失大、产品收率低，所以酸碱精制正在被其他精制过程，特别是加氢精制所代替。

第二节　轻质燃料脱硫醇

一、脱硫醇的方法

轻质燃料，特别是从含硫原油得到的催化裂化汽油和焦化汽油等都有很臭的气味。油品中下列杂质是产生臭味的原因：

① 酸性杂质。如硫化氢、硫醇、烷基酚和脂肪酸等。

② 碱性杂质。如氮化物等。

③ 中性杂质。如二硫化物等。

其中酸性杂质是使油品产生臭味的最主要原因，除硫醇以外的酸性杂质都可以用碱洗的方法除掉。而硫醇随着它的相对分子质量增大，酸性变弱，因而不能只用简单的碱洗方法除去硫醇。

油品中含有较多的硫醇不仅产生令人恶心的臭味，并使油品的安定性变坏，硫醇还影响油品对添加剂(如抗爆剂、抗氧化剂、金属钝化剂等)的感受性。因此，在石油加工过程中要脱除油品中的硫醇。

1. 氧化法

用空气中的氧或氧化剂直接氧化原料油中所存在的硫醇，转变为二硫化物。硫醇的氧化反应如下：

$$2RSH+1/2O_2 \longrightarrow RSSR+H_2O$$

因为生成的二硫化物仍然溶解在油料中，所以处理后的油品含硫量和原料油的含硫量相同，也不能改善油品对添加剂的感受性。

2. 抽提法

用氢氧化钠抽提原料油中的硫醇。因为随着硫醇相对分子质量变大，酸性变弱，用碱溶液抽提变得困难，因而在抽提过程中加入助溶剂或试剂来帮助硫醇溶解在碱溶液中。常用的助溶剂有甲醇、甲酚、脂肪酸或烷基酚等。用碱抽提的反应如下：

$$RSH+NaOH = NaSR+H_2O$$

使用后的碱液用水蒸气汽提分解 NaSR 或用空气直接氧化 NaSR 回收并循环使用。也有使用分子筛吸附的方法，吸附除去硫化氢和低分子硫醇(甲基硫醇、乙基硫醇等)。

3. 抽提-氧化法

抽提-氧化法是将抽提法和氧化法结合起来，将碱液抽提后仍残留在油品中的高级硫醇氧化成二硫化物。具有代表性的方法是催化氧化脱硫醇。

二、催化氧化脱硫醇法

催化氧化脱硫醇法是利用一种催化剂使油品中的硫醇在强碱液(氢氧化钠)及氧化气体(如空气)存在的条件下，氧化成二硫化物。最常用的催化剂是磺化酞菁钴或聚酞菁钴等金属酞菁化合物。其化学反应为：

$$2RSH+1/2O_2 \xrightarrow[\text{碱液}]{\text{催化剂}} RSSR+H_2O$$

催化氧化脱硫醇法可用于精制液化石油气(液态烃)、汽油、喷气燃料、柴油以及烷基化、叠合和石油化工生产的原料，也可以处理硫醇含量较高的催化裂化汽油、热裂化汽油和焦化汽油。

催化氧化脱硫醇法的流程包括抽提和氧化脱臭两部分。根据原料油的沸点范围和所含硫醇的相对分子质量不同，可以单独使用一部分或将两部分结合起来。如精制液化石油气只用抽提部分；精制汽油馏分是将抽提部分和氧化脱臭部分结合起来；而精制煤油馏分只用氧化脱臭部分。

抽提部分可以用催化剂氢氧化钠碱溶液与原料油进行液-液抽提，也可以将催化剂碱溶液浸渍在活性炭固体颗粒上(含有催化剂 1%)，以固定床方式处理原料油。

原料油中含有的硫化氢、酚类和环烷酸等会降低脱硫醇的效果，降低催化剂的寿命，所以在脱硫醇处理之前需用 5%~10%浓度的氢氧化钠溶液进行预碱洗，除去这些酸性杂质。

图 2-4-2 是催化氧化脱硫醇法工业流程图。

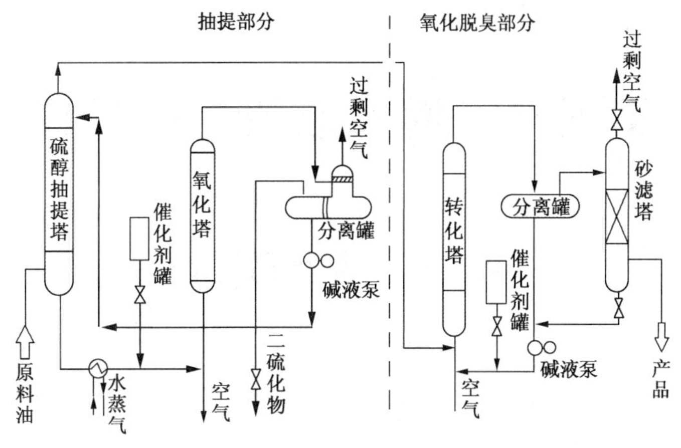

图 2-4-2　催化氧化脱硫醇法工业流程图

催化氧化脱硫醇法所使用的催化剂磺化酞菁钴的平均相对分子质量为 730，钴含量 8.1%，硫含量为 8.8%。氢氧化钠溶液浓度为 4%~25%，催化剂在碱溶液的浓度一般为10~125mg/kg。催化剂寿命为 8000~14000m^3原料/kg 催化剂。

此法的反应全部在液相中进行，除抽提部分的再生段(氧化塔)在 40℃左右外，其余都在常温下操作，压力为 392.28~686.49kPa(4~7kgf/cm^2)(表压)。

脱硫醇后的成品油中硫醇含量可降低到几或十几 mg/kg，液化石油气的硫醇脱除率可达 100%，汽油的硫醇脱除率也可达 80%以上。催化氧化脱硫醇法投资及操作费用低，产品质量好，大大减少对环境的污染。

第五章　润滑油的生产过程

第一节　脱沥青过程

原油经常减压蒸馏蒸出常压馏分和减压馏分，但总是有一部分油在减压蒸馏的条件下不能汽化而残留在减压渣油中，这部分油是宝贵的高黏度润滑油组分，是制造某些油品所不可缺少的原料。

减压渣油中除了高分子烃类外，主要是胶状沥青状物质，脱沥青过程就是除去这些胶状沥青状物质的过程。沥青并不是沥青质，它包括沥青质、胶质、某些大分子烃类，以及含有硫、氮的某些化合物，甚至还含有镍、钒等金属的有机化合物。在生产残渣润滑油时，进行溶剂精制和脱蜡等加工过程之前必须先进行脱沥青。

一、丙烷脱沥青的原理

可以作为脱沥青的溶剂有若干种，这里以丙烷为例来说明溶剂脱沥青的原理。

丙烷脱沥青的操作温度是在靠近丙烷临界温度的范围内。一种物质在有机溶剂中溶解度变化的一般规律是：在低温时，溶解度较小，升高温度则溶解度增大，当温度升高到一定程度后，二者完全互溶。但是可以预计，当温度升高至临界温度时，溶剂已经具有气体的性质，这时它将不溶解溶质而是把溶质全部析出。这个变化并不是突然发生的，在靠近临界温度而还未到临界温度的某个区域内，溶解度就随温度的升高而降低，等到临界温度时，溶解度等于零。这种变化情况可从图 2-5-1 看出。

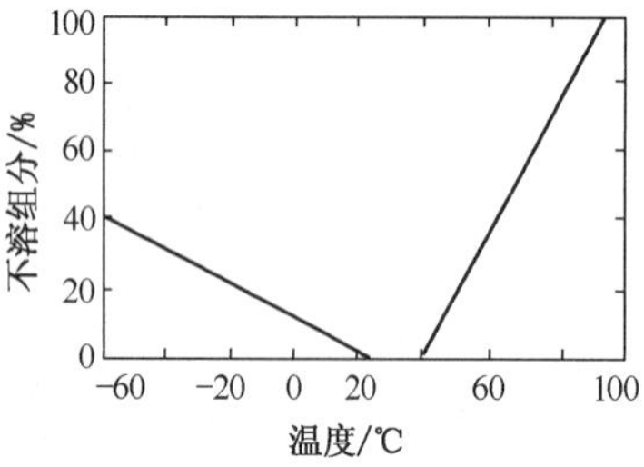

图 2-5-1　丙烷-渣油系统在不同温度下分离出的烃类和胶状物质

丙烷∶渣油＝2∶1(体积比)

由图 2-5-1 中可以看到：从零下若干度到稍高于 20℃的范围内，分离出的不溶物质量随温度升高而减少，即溶解度增大；到温度稍高于 20℃时，两相变为完全互溶的一相；当温度升高至 40℃后，又开始有不溶物析出，而且随着温度的升高，析出物质增加，至丙烷的临界温度 97℃时，油全部析出。由此可见，从 40℃到 97℃又出现第二个两相区，丙烷脱沥青过程就是在第二个两相区温度范围内操作。在这个区域内，溶解度随温度变化的规律与在第一个两相区时是相反的，在讨论丙烷脱沥青时必须记住这一点。在这个温度范围内，油-沥青-丙烷的溶解度是比较复杂的，丙烷对油的溶解度随温度升高而降低，若以丙烷的密度来表示，则对油的溶解度与丙烷的密度呈直线关系，随着丙烷密度的减小，对油的溶解度降低。

丙烷对渣油中各组分的溶解度是不同的，按其大小顺序排列依次为：烷烃>环状烃类>高分子多环烃类>胶状物质。丙烷对胶状物质和高分子多环烃类的溶解度很小，并且温度越高，其溶解度越小。

渣油中的烃类和胶状物质本来是互溶的，或者是有些呈溶胶均匀地分散在油中。当丙烷加入到渣油中，在温度不变时，由于丙烷对烃类的溶解度还很大，于是丙烷与烃类形成均匀的溶液。丙烷对胶状物质的溶解度很小，因此，溶液对胶质的溶解度比烃类的要小得多，所以当加入的丙烷量增加时，溶液对胶状物质的溶解度就会下降，当下降至不能溶解全部胶状物质时，它们就会从溶液中析出，并且随着溶剂比的继续增大，胶状物质的析出量也增大。但这种情况并不是无限制的，因为丙烷毕竟对胶状物质还有一定的溶解度，当加入的丙烷量增大至一定数量时，溶液的溶解度就接近丙烷的溶解度，此时若再加入丙烷，溶液的溶解度降低得很少。但是由于溶液的总量增加了，因此，总还能溶解一些胶状物质，于是表现出来的现象是析出的胶状物质随着溶剂用量的增加而减小。由此可见，在油收率-溶剂比曲线上就会出现一个最低点，这个点就是在一定温度下能析出胶状物质的最大量。此时，无论怎样改变溶剂比，都不能超过这个数值。图 2-5-2 表明了在某个温度下，当溶剂比接近 5∶1 时，油收率达到最低点。与此相反，由于在此点时脱出的胶状物质最多，油品的质量也最好，油品的残炭值最低。曲线中最低点的位置因残油的拔出深度而异。

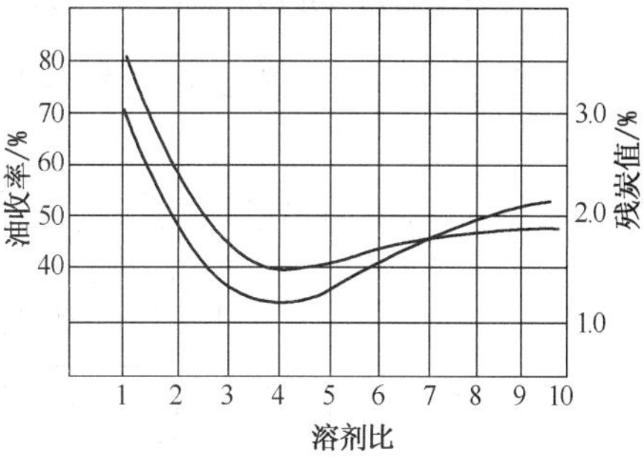

图 2-5-2　溶剂比-油收率-油的残炭值之间的关系

如果要得到比上述曲线最低点的脱炭程度更高的油，只能采用升高温度的办法，因为升高温度能降低溶解度，因而可使曲线上的最低点的位置降低。

在温度升高时，不仅降低了曲线的位置，而且还改变了曲线的形状。因为温度升高时，油和丙烷之间的溶解度大为减小，油中只能溶解少量丙烷，这时，或者只能析出少量胶状物质，形成分别以沥青、油、丙烷为主的三个液相共存；或者油中溶入的丙烷量较小，还不足以使胶状物质析出，于是形成油-沥青和丙烷-油两个液相。前一种情况只是在较狭窄的条件范围内发生。当后一种情况出现时，增加溶剂比能从油-胶状物质中提取出更多的油，成为一个纯提取过程。此时，随着溶剂比的增大，脱炭程度降低。

综上所述，可以得到以下几点有用的结论：

① 较低温度时，丙烷比对收率和质量的关系中有一最低点和最优点；

② 提高温度可以改进油的质量，但收率将会减小；

③ 当温度较高时，由于油-丙烷溶解度的减小，丙烷脱沥青成为纯提取过程，增加丙烷比，使提取出的油随之增多，但残炭值也随之增大。

二、脱沥青溶剂

低分子烷烃都具有脱沥青的性能，其相对分子质量越低，选择性越好。如 C_2、C_3的选择性较好。由于液化 C_2需要更高的压力，所以多用 C_3作为脱沥青溶剂。但是丙烷并不是唯一的溶剂，在脱沥青要求不高时，采用戊烷或轻汽油也有它的优点。

用于制取润滑油料的脱沥青溶剂主要是丙烷。炼厂中的丙烷多是来自催化裂化的气体分馏装置，因此，除含有丙烷外，常常还含有其他的低分子烃类，如 C_2、$C_3^=$、C_4等。这些物质存在于丙烷中对脱沥青的效果有很大的影响。

丙烷中含 C_2过多会使系统压力增高，为解决此问题，要在丙烷罐顶放空，从而造成溶剂损耗增大。溶剂中含有 $C_3^=$过多时，选择性不好，虽然仍可获得合格的脱沥青油，但收率下降很多。C_4对胶状物质的溶解度更大，选择性更不好，因此其影响也更大，尽管提高操作温度，有时仍得不到低残炭值的脱沥青油。

由于丙烷的纯度十分重要，丙烷纯度要符合下列指标：C_2含量不大于3%；丙烷含量不小于80%；C_4含量不大于4%。

三、丙烷脱沥青的工艺流程

丙烷脱沥青的工艺流程见图2-5-3。

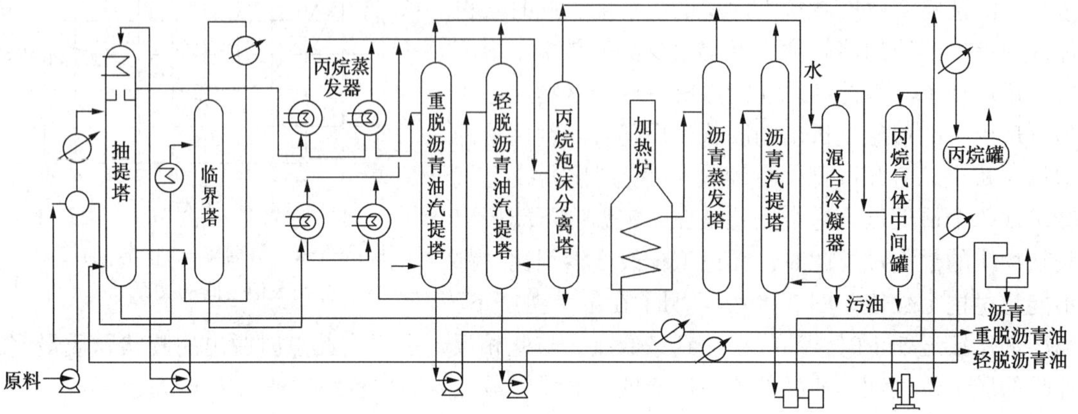

图2-5-3　丙烷脱沥青工艺流程图

原料(减压渣油)经换热使温度降至合适的温度后进入萃取塔的上部。主丙烷(从临界塔回收的丙烷)从萃取塔下部进入，副丙烷从更低的位置进塔。由于两相的相对密度差(油：0.9~1.0，丙烷：0.35~0.4)，二者逆流流动并进行提取，胶质、沥青质沉降于塔的底部，提取液经上升管进入沉降段。沉降段中有加热管提高液流的温度，于是从提取液中又分离出一些物质，其中主要是相对分子质量较大的多环烃类，工厂中称此物质为重脱沥青油，它的黏度很大，是调合高黏度产品的有用组分。从沉降段顶部分出的物流叫作脱沥青油。这种从萃取塔中得到两个含油物流的流程称两段法；如果把沉降出来的物质压到下部的沥青液中而不单独分出重脱沥青油，称为一段法。两段法的优点是除了可多得一个有用产品外，同时还易保证塔顶和塔底的产品质量，因为一段法在生产低残炭值的油、同时又要生产高标号沥青时难以同时兼顾两者的质量。

萃取塔的温度条件和溶剂比与原料生产和产品要求有关，表2-5-1举出几个脱沥青装置的萃取塔的操作条件。

表2-5-1　萃取塔的操作条件

厂名	原　料	脱沥青油残炭/%	溶剂比(体积比)	原料进料温度/℃	抽提塔温度/℃		
					下	中	上
东炼	大庆-大港减压渣油	<0.7	4.0∶1	120	52~55	65~70	80~88
五厂	大庆减压渣油	<0.7	6.8∶1	120~130	>45	64~65	74~76
上炼	大庆减压渣油	<0.7	(8~10)∶1	115~130	45~60	60~65	60~70
大化	大庆减压渣油	<0.7	5.5∶1	150	50~55	78~80	84~86
兰炼	大庆-玉门减压渣油	<0.75	(7~7.5)∶1	140~155	53~55	67~69	75~77
荆门	胜利-五七减压渣油	<0.7	6∶1	140	36	—	63

有三个物流需要回收溶剂：①轻脱沥青油溶剂，②重脱沥青油溶剂，③沥青液。

轻脱沥青液经换热、加热后进入临界回收塔，加热温度要严格控制在稍低于溶剂的临界温度 1~2℃。在临界塔中，油相沉于塔底，溶剂从塔顶出来，再用泵送回萃取塔。

从临界回收塔分出的轻脱沥青油和从萃取塔沉降段分离出来的重脱沥青油相中仍含有丙烷，需用蒸发的方法回收，通常分两段进行蒸发。油中仍有少量丙烷分别进入汽提塔，在稍高于常压的压力下汽提。汽提出的水蒸气-溶剂蒸气混合物经混合式冷凝器把水冷凝，而丙烷蒸气则经中间罐后进入压缩机加压至 1765.25~1961.4kPa(18~20kgf/cm^2)，冷凝后重新使用。

沥青相蒸发时需加热至 220~250℃以防止发生泡沫，一般用加热炉加热。加热后先在 1765.25~2157.54(18~22kgf/cm^2)压力下蒸出绝大部分丙烷，然后再进行汽提。丙烷-水蒸气混合物中的丙烷回收与前述过程相同。

第二节　溶剂精制

润滑油馏分中含有一些对油品的使用有危害的物质，它们是胶状物质、多环短侧链的芳香烃、环烷酸类，以及某些含硫、氮的化合物，这些物质的存在使油品的黏度指数降低、抗氧化性变差，氧化后产生沉淀物和酸性物质。

溶剂精制是选用一些对油中理想组分和非理想组分具有选择性溶解的溶剂，对油料进行提取，一般是把非理想组分抽出，理想组分留在提余液中，然后分别蒸出溶剂，即可得到抽余油(精制油)和抽出油。

这个过程是物理过程，溶剂可以循环使用，其溶剂消耗仅为处理油料的千分之几，整个过程除回收溶剂消耗一些燃料外，基本上不需其他药剂。抽出油可以利用，至少可以作燃料油用，因此，溶剂精制过程比较便宜。但由于它是物理过程，不能使原料中的非理想组分进行化学转化，所以它只能处理那些原料中有足够多理想组分的油料，否则，或者制造不出合格的润滑油，或者不经济。由此可见，使用溶剂精制过程，对原料的选择很重要。

一、溶剂和润滑油的溶解度

1. 烃类和润滑油在溶剂中的溶解度

作为一个选择性溶剂，它与油必须是部分互溶的，这样才能进行提取。下面用二十二烷和糠醛为例进行说明。糠醛和二十二烷的温度、组成和互溶点的关系在图 2-5-4 中给出。

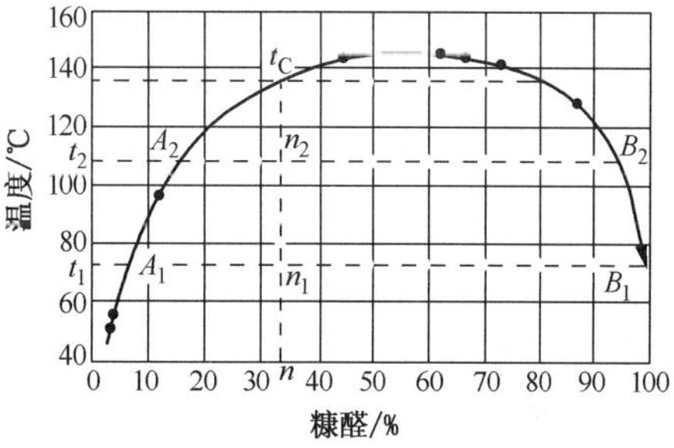

图 2-5-4　糠醛-二十二烷的溶解度和温度的关系

假定有一组成为 n 的二元混合物，其温度为 t_1时，将分成 A_1和 B_1呈平衡的两相，A_1相为二十二烷相，其中溶有糠醛，含量约为 7%，B_1相为糠醛相，其中溶有二十二烷 1%。当温度升高时互溶程度增加，如 t_2时，A_2中含糠醛约 15%，B_2相中含二十二烷 5%。当温度升到 t_C时，达到了该温度下糠醛在二十二烷中的溶解度，糠醛全部溶于二十二烷中。把各种组成的 t_C点联在一起，即成图2-5-4中的曲线。曲线为封闭的，在曲线内为两相区，而曲线外为一相。对于 t_C点，前苏联的教科书上称之为临界溶解温度，用三个字的字头 KTP 表示，对溶解度曲线称之为临界溶解温度曲线。西方的某些文献中临界溶解温度(C. S. T)的含义为溶解度曲线的最高点，即在此温度以上时，可以以任何组成混合，其界面张力变为零。t_C点与浊点相当。

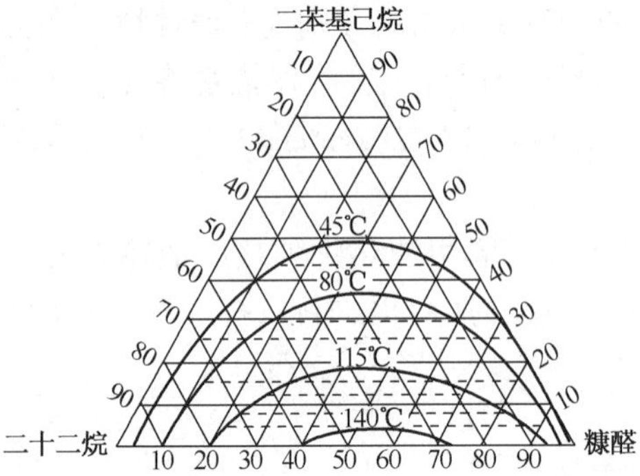

图 2-5-5 糠醛-二十二烷-二苯基己烷三角相图

润滑油和溶剂也可以作出类似的曲线，但其含义是模糊的，因为润滑油是一个复杂混合物，溶解于溶剂中的那些物质(或组分)和润滑油中的物质大部分是不同的，而不完全是同一物质在两相中的分配，并且，其在两相中的组成随着溶解数量的改变而改变。对润滑油和溶剂体系至少应该粗略地当作理想组分、非理想组分和溶剂三元体系处理。它的相平衡关系可以用三角相图来表示。图 2-5-5 为二十二烷-二苯基己烷和糠醛体系的三角相图。

图中曲线为三元体系的溶解度曲线。从图中看出：二苯基己烷与糠醛或二十二烷完全互溶，而糠醛与二十二烷部分互溶。所以二苯基己烷分配在二十二烷和糠醛相中，图中曲线表示这个平衡关系，平衡的两相用联结线(图中的虚线)相连，联结线也称系线。当温度升高时，二十二烷和糠醛的溶解度增大，两相区减小。

对于像润滑油这样的复杂混合物，它的组成是复杂的，但是它常常被分成两个化学和物理特性不同的组分，提余物和提取物被分成芳香组分和饱和组分，其提余物和提取物也是复杂的组分。所以溶剂-提余物-提取物的平衡关系难于用前面三元组分的三角相图表示，在这种情况下，通常使用一个物理性质代替物相的数量来绘制相图。如相对密度、黏度指数、折光率等。所选的物性必须是当无溶剂的提余液和提取液混合时是可加的，或者假定是可加的。

图 2-5-6 是糠醛-润滑油系统三角相图的例子。选一个能够区分芳香组分和饱和组分并且有可加性的物理性质，这里使用折光率。图中 S 点表示 100%糠醛，从 S 点到对边之间均分成 100 等分，表示糠醛含量(%)。其他两个极不像三元组分图那样各代表 100%某种组分，而是把 S 点的对边标以折光率刻度，从 S 点到任何折光率联一直线，凡是这条线上的点折光率均等于这个值，这样就避免了对理想组分和非理想组分这两个复杂混合物处理上的困难。如果有平衡的两相 A、B，已知其糠醛含量和折光率，就可以把这两点标在图上，如图所示。取若干个平衡相的数据就可以联成图中封闭的平衡关系曲线。每两个代表平衡相的点之间的连线(图中虚线)即其系线。用这样的平衡相图可以进行提取过程的计算。

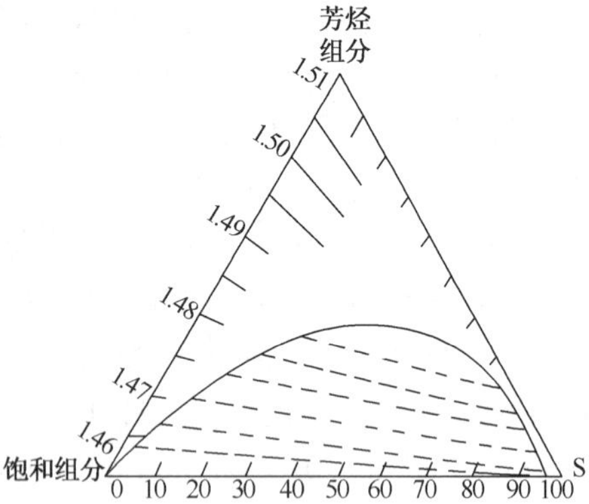

图 2-5-6 糠醛-润滑油系统的平衡关系图

2. 选择性溶剂

作为理想的选择性溶剂应该具备下述条件：

① 有良好的选择性；

② 溶解能力大；

③ 性质稳定，不易受热变质，易于回收；

④ 与油品的相对密度差大，容易分离；

⑤ 无毒；

⑥ 不腐蚀设备。

以上是主要条件，完全符合上述条件的溶剂几乎是没有的，只能选择相对好的溶剂。在工业上使用的溶剂主要是糠醛和酚，近年来 *N*-甲基-2-吡咯烷酮成了一种引人注目的酚的代替品。这三种溶剂的一般性质见表 2-5-2。

表 2-5-2　溶剂的性质

项　　目	糠醛	酚	*N*-甲基-2-吡咯烷酮
实验式	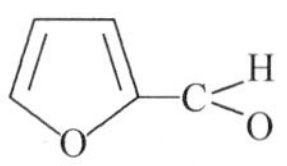	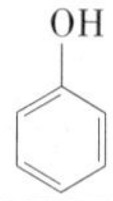	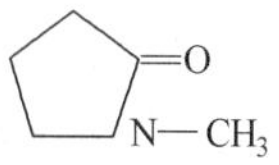
相对成本	1.0	0.36	1.5
相对分子质量	96.03	94.11	99.13
密度(25℃)/(g/cm^3)	1.159	1.071	1.029
沸点/℃	161.7	181.2	201.7
熔点/℃	-38.7	40.97	-24.4
与水之共沸物	产生	产生	不产生
沸点(760mmHg)/℃	97.45	99.6	—
混合物中溶剂含量/%	35.0	9.2	—
在水中的溶解度/%			
20℃时	5.9	8.2	—
40℃时	6.8	9.6	—
比热容/[kJ/(kg·℃)]	1.742	2.349	1.758
蒸发潜热/(kJ/kg)	446.3	478.6	492.8
选择性	极好	好	很好
溶解能力	好	很好	极好
稳定性	好	很好	极好
腐蚀性	有	腐蚀设备	无
毒性	中	大	小

注：1mmHg=133.322Pa。

由表 2-5-2 看出，酚的成本比较低；糠醛的物理性质和选择性最好；*N*-甲基-2-吡咯烷酮比糠醛或酚的溶解能力强，化学和热稳定性好，毒性小。

由于糠醛毒性低、费用低、来源易得，适用的原料范围较宽(可适用于石蜡基和环烷基润滑油原料)，乳化性能差，与油非常容易分离，选择性比酚和 *N*-甲基-2-吡咯烷酮稍好，再加之工业经验多等，因此，糠醛是润滑油精制过程中用得最广的溶剂。

糠醛是无色液体，对热和氧都不稳定，暴露在空气中迅速变色，先变成浅黄色，然后黄色、褐色一直到黑色，氧化产生的酸性物质又是氧化的催化剂，所以在使用中与空气隔绝是必要的，可以在储罐中漂上一层润滑油，或者用惰性气体密封。在高温下它也不稳定，通常在糠醛精制过程中它的最高温度限制为230℃。糠醛有微毒，呼吸过多时会头晕、恶心、食欲不振一直到走路不稳等。含水的糠醛将大大降低它对油的溶解度，含水量大于1%即有显著影响，所以其含水量应控制在0.5%以下。

酚在常温下为固体结晶，受到氧化后微带粉红色。液体酚的黏度比糠醛的黏度大。酚的毒性大，腐蚀皮肤，操作时必须注意。由于酚的溶解能力比糠醛强，所以在处理残渣润滑油时它比糠醛容易些。在使用糠醛处理这种油时需要使用相当苛刻的条件。

N-甲基-2-吡咯烷酮溶解能力比酚、糠醛强，选择性比酚好，但比糠醛稍差，化学和热稳定性好，毒性小，适用的原料范围较宽。但是它的主要缺点在于成本高，不易得到。

二、糠醛精制过程

糠醛精制的工艺流程如图2-5-7所示。原料用泵打出，经过预换热器后从下部进入萃取塔(1)，糠醛从塔上部进入，萃取塔内保持490.35kPa(5kgf/cm^2)压力，以使提余液和提取液自动流入回收系统。使用转盘塔时分界面控制在上部。提余液经塔顶流经换热器进入提余液加热炉，加热到220℃后进入提余液汽提塔(3)进行闪蒸，液体则流入下部汽提段。塔内维持1.33×10^{4}Pa(100mmHg)压力，水蒸气自塔底吹入对提余液进行汽提，脱掉溶剂的油从塔底抽出送入装置。

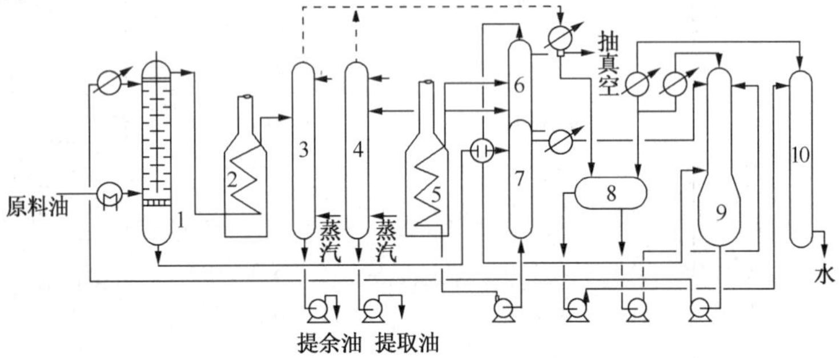

图2-5-7 糠醛精制原理流程

1—萃取塔；2、5—加热炉；3—提余液汽提塔；4—提取液汽提塔；
6—高压蒸发塔；7—低压蒸发塔；8—分层罐；9—糠醛脱水塔；10—糠醛蒸发塔

提取液从萃取塔底流出，与由高压蒸发塔(6)来的糠醛蒸气换热后，进入低压蒸发塔(7)。提取液经换热可以蒸发其中糠醛的35%~45%。糠醛蒸气从塔顶部出塔，经冷凝后进入糠醛脱水塔。其余的提取液用泵从低压蒸发塔抽出经加热炉(5)进入高压蒸发塔(6)。通常低压蒸发塔压力稍高于大气压，高压蒸发塔控制在245.18kPa(2.5kgf/cm^2)(绝)左右。大部分高压蒸汽与提取液换热，然后进入糠醛脱水塔，同时一小股蒸汽直接进入塔内作为热源。提取液经两段蒸发后进入汽提塔(4)，塔的压力也维持在1.33×10^{4}Pa(100mmHg)左右。提取液在塔内汽提，脱掉糠醛后的提取油用泵送出装置。

提余液汽提塔(4)的含水糠醛蒸气从顶部抽出，进入冷凝器冷凝，该冷凝器具有冷阱，并在冷阱处抽真空。冷凝液进入分层罐(8)。罐内的糠醛层经泵打入糠醛脱水塔(9)脱水，由塔顶部出来的含水糠醛蒸气冷凝后又回到分层罐。脱水后的糠醛流入塔底糠醛罐，以便循环使用。分层罐的水层进入糠醛蒸发塔(10)，水蒸气自塔底吹入。糠醛-水共沸物从塔顶部出塔，冷凝后进入分层罐。不含糠醛的水从塔底放入下水道。

第三节 脱　　蜡

不含蜡的原油是非常少的。我国原油多为含蜡原油，有的润滑油馏分含蜡量超过40%。在低温下油中的蜡会析出，形成结晶，并且这些结晶形成结晶网，阻碍油的流动，甚至凝固。所以含蜡的润滑油料必须脱蜡，才能制出低温流动性良好的润滑油。

溶剂脱蜡是在润滑油料中加入溶剂稀释，使油的黏度降低，然后冷至低温，再将油和蜡分离。溶剂脱蜡适用性很广，能处理各种馏分润滑油和残渣润滑油。由于酮类溶剂的优点，世界上的溶剂脱蜡过程绝大部分为酮苯脱蜡，其中以甲基酮-甲苯溶剂用的最多。除了酮类溶剂以外，在工业上仍能占有一定地位的是丙烷脱蜡。

一、蜡-油-溶剂混合物的过滤

酮苯脱蜡的过程采用转鼓式过滤机。它的主要部分是装在壳内的转鼓，蒙以滤布，部分浸于冷凝好的原料油-溶剂混合物。滤鼓分成许多格子，每格都有管道通到中心轴部，轴与分配头紧贴，分配头不运动。当某一格子转到浸入混合物时，该格与分配头吸出滤液部分接通，于是以残压26.67~53.33kPa(200~400mmHg)的真空度将滤液吸出。蜡饼留在滤布上，经过冷洗，当转到刮刀部分时接通惰性气反吹，滤饼即落入输蜡器，用螺旋搅刀送到滤机的一端，落入下面的蜡罐。我国通用的滤机每台有$50m^2$过滤面积。

二、溶剂脱蜡的工艺过程

酮苯脱蜡的流程由结晶、过滤和溶剂回收三部分组成。

结晶系统由刮刀、结晶器及管壳式换热设备组成，图2-5-8是结晶系统的流程图。原料用泵打出，先经过蒸汽加热，叫做热处理，目的是使原来的结晶全部熔化，再在控制的有利条件下重新结晶。通常残渣油在热处理前加入一次溶剂，馏分油可以采用稀释点后移工艺(打在第一台结晶器的中部)。通常第一台结晶器用滤液作为冷源，回收滤液冷量。然后与二次吸收溶剂混合进入氨冷结晶器，冷却后与冷却好的三次稀释溶剂混合进入滤机进料罐，在氨冷结晶器上设有液氨罐，它把液氨分配到各套管中，氨蒸气回到罐中，被压缩机抽走。通常用控制液氨罐的压力来控制液氨蒸发温度。

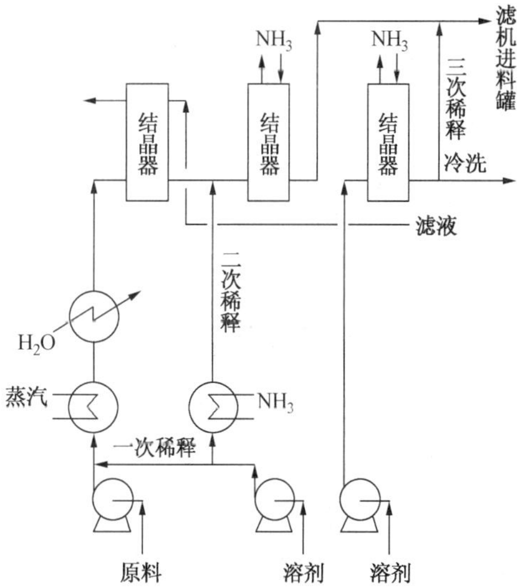

图2-5-8　结晶系统流程

一些大型脱蜡装置，当使用若干台换冷和氨冷结晶器时，为了减少压力降，通常用多路并联。

从结晶系统冷却好的原料溶剂混合料进入滤机进料罐再分配到各台滤机过滤。过滤系统流程见图2-5-9。滤机装有液面自动控制仪表控制进料速度。滤机的抽滤和反吹都用惰性气体循环。滤机壳内维持0.98~2.94kPa(0.01~0.03kgf/cm^2)(表压)，以防空气漏入。吸滤的真空度一般在26.66~53.33kPa(200~400mmHg)间，反吹压力一般为29.42~44.13kPa(0.3~0.45kgf/cm^2)(表压)。惰性气体中含氧量达到5%即应排空换气。

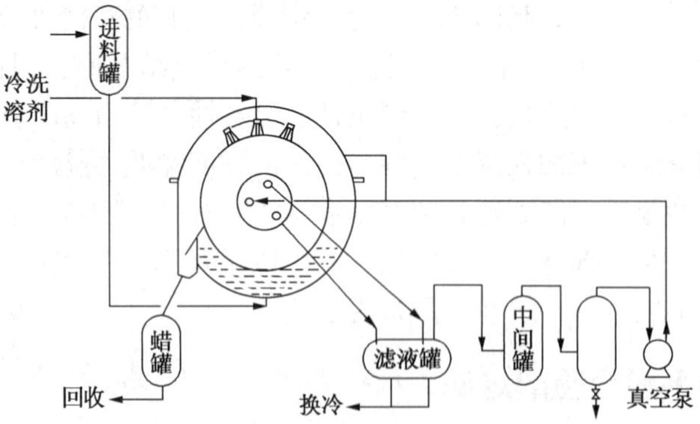

图2-5-9 过滤系统流程

过滤后的蜡饼经冷洗后落入蜡罐，然后送入回收系统。滤液和冷液分别抽入罐中，由于冷洗液中油很少，可以用作稀释溶剂，这样可以减少回收系统负荷。滤液回结晶系统换冷后进入溶剂回收系统。

第四节 加 氢

大部分润滑油用传统的方法生产，即溶剂脱蜡、溶剂精制和补充精制构成的所谓“老三套”装置进行生产。由于是用物理方法进行分离，并不考虑烃类的结构，所以润滑油的质量、收率取决于原料中理想组分的含量和性质。因此，在原料中含有较多性质比较理想的烃类时，生产润滑油才是经济的，只有少数原料符合这种条件，在选择原料上受到相当大的限制。

润滑油中的烃类在氢压和催化剂存在下可以产生各种反应，如多环芳烃加氢，继而开环变成少环化合物，裂化反应、异构化反应，含硫、含氮、含氧化合物的脱硫、脱氮、脱氧反应等。

一、润滑油的加氢补充精制

加氢补充精制的方法很多，这里以某厂含Fe催化剂为例介绍。所用催化剂为Fe_2O_3-MoO_2组成，含量为：$Fe_2O_3$10.25%，$MoO_2$9.9%，担体为γ-Al_2O_3。

使用这种催化剂，操作条件缓和。压力仅为1961.4kPa(20kgf/cm^2)左右；氢油比小，仅为50；可以不用循环氢压缩机，流程简单；空速可达3.0h^{-1}，处理能力大，由于条件缓和，所用材料和耐压等级可以低些，因此，这种过程比较便宜。铁精制工艺流程见图2-5-10。

原料由泵打经换热器(11)与氢混合。由于重整氢的压力不够，所以需要用压缩机增压，混合后在加热炉辐射室加热后进入反应器(2)。反应温度280~310℃，空速2.0~3.2h^{-1}。由于反应放热，床层升温10℃左右。氢油比50：1。反应物从反应器底部离开，经换热器(10、11)给出热量，并经冷却器(9)冷却后进入高压分离器(3)，在高压分离器

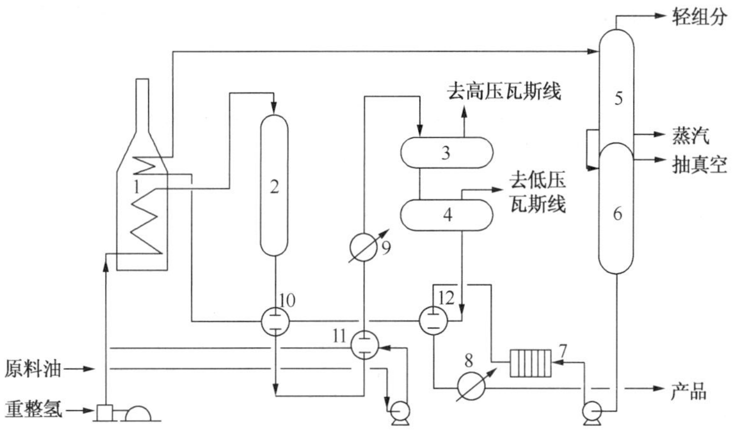

图 2-5-10　某厂精制工艺流程

1—加热炉；2—反应器；3—高压分离器；4—低压分离器；5—汽提塔；
6—真空干燥塔；7—压滤机；8、9—冷却器；10、11、12—换热器

分出大部分剩余氢和反应产生的气体，然后进入低压分离器(4)，分出残留气体。由于这时油中尚有少量低沸点组分，所以还需要在汽提塔(5)中汽提。然后，进入真空干燥塔(6)除去微量水分。干燥后的油用泵从塔底抽出，进行压滤(7)，除去催化剂粉末，然后换热、冷却，送出装置。

由于加氢补充精制条件比较缓和，对于烃类的反应(如加氢、开环等)不显著，只是对含氧化合物、含硫化合物能起一定的作用，不能对含氮化合物起作用。

二、润滑油加氢裂化

加氢裂化指的是能够较大幅度改变润滑油烃类结构的加氢过程。这种过程较补充精制过程苛刻，其操作温度 380～420℃，压力 10132.5～20265kPa(100～200atm)，空速 0.5～1.5h^{-1}，氢油比在 1000 左右。

在这种加氢过程中能使多环芳香烃加氢开环，因此黏度指数可以大幅度提高。硫化合物和氧化合物可以去掉绝大部分，氮化合物也可在相当大的程度上减少。所以，这种过程可以精制劣等的原料，如新疆原油等。表 2-5-3 给出了新疆原油减压各线的数据。

表 2-5-3　新疆原油润滑油馏分脱蜡后的性质

馏分/℃	黏度/(mm^2/s)		黏度指数	凝点/℃	占原油/%
	$v_{37.8}$	$v_{98.9}$			
300～350	8.37	2.22	73	−26	8.02
350～400	50.79	6.07	59	−28	10.32
400～450	156.91	10.81	34	−32	10.50
450～500	486.05	21.24	38	−29	7.10

从表 2-5-3 中数据可以看出 400～500℃润滑油馏分用常规溶剂精制法制造黏温性质优良的油是困难的，收率也不高。我国任丘原油也类似，胜利原油相比更差，所以由这些油制造优质润滑油采用加氢法是较为理想的方法。

新疆油减压四线在 420℃ 加氢后其黏度指数大为提高，加氢前后油品性质的比较见表 2-5-4。

表 2-5-4　新疆原油减压四线油加氢的结果

结　　果	减压四线脱蜡后	420℃加氢油脱蜡后
凝点/℃	-14	-12
黏度/(mm^2/s)		
$v_{98.9}$	17.7	7.77
$v_{37.8}$	346	63.37
黏度指数	41	95

从表 2-5-4 中数据可以看出，在 420℃、120atm(1atm=101.325kPa)用 7578 催化剂加氢后，可以制出黏度指数很好的润滑油。

1. 加氢裂化进料

加氢裂化过程可以把结构不好的烃类转化为理想组分，所以对原料的要求不那么严格。如高芳香烃、高硫、高胶质原料使用溶剂法很难制出良好的润滑油，而用加氢裂化法却能生产出较好的润滑油。但这并不是说原料中的烃类组成没有影响，如果原料好，制得同等质量的润滑油加工深度浅，收率高。对于残渣润滑油料中的沥青质、金属、氮化合物有一定的限制，否则将使催化剂的活性迅速降低。由于催化剂不同和工业化的经验不够，还难于提出通用的数量范围，可以举一实例作为参考：

原料含氮<0.2%、沥青质<0.1%、残炭<4%。

对于馏分组成，如果原料主要是烷烃、环烷烃，可以用宽馏分单一进料，加氢以后再分成各种黏度的润滑油。但是原料的芳香性强时，这样做就不合理，因为当重质润滑油达到合格的反应深度时，轻质油料还未达到必要的反应深度；如果轻质油达到足够深度时，重质油则过度反应，高黏度润滑油就要受到损失。

另一种方法是像溶剂精制那样把润滑油料分成各种馏分分批进料，这样各馏分可以在各自的适宜加工深度下进行反应。因而平均加工深度比较低，总收率高，同时可以按产品质量要求的不同来改变各馏分的加工深度。

2. 加工深度

正确地确定加工深度也是重要的问题，它和一系列因素相关。

随着加氢深度的加深，由于加氢、开环反应的结果，黏度指数不断提高，但是由于裂化反应增多，轻馏分也就越多，导致收率下降，润滑油的黏度也减小。

在制造稠化油的基础油时，由于提高油品的黏度指数可以用更黏一些的油作基础油，这样就可以少用昂贵的黏度指数改进剂。提高加工深度的费用，可以为添加剂的节约所补偿。所以在确定稠化油基础油的加氢深度时，必须考虑这个因素。

3. 加氢裂化的产品分布

加氢裂化产品中，有 H_2S、NH_3、C_1～C_4以及相当于汽油、煤油、柴油的各个馏分，这些馏分相当于加氢异构裂化产品，是价值较高的轻质石油产品。这些产物的产率和加氢深度有关，深度越大，轻质产品越多，表 2-5-5 中给出两种原油的数据作为例子。

表 2-5-5　加氢裂化生产润滑油时的产品分布

项　　目	原油-1	原油-2
脱蜡基础油的黏度指数	95~105	130
产品分布/%		
H_2S+NH_3	1.7	2.6
C_1~C_4	1.7	2.6
C_5~82℃	1.1	2.6
82~177℃	3.8	6.5
177~288℃	14.2	22.7
288~342℃	10.7	16.9
342℃以上	68.4	48.0
总计	101.6	101.8

4. 加氢裂化流程

原料和氢混合后进入加热炉加热到所需要的温度，然后进入反应器。由于加氢反应是放热反应，所以分段加入冷氢冷却以控制反应温度不要过高。反应后的混合物进入高压分离器，分出来反应氢的大部分。分出的氢冷却后，用氢压机压缩，再循环使用。分出的液相进入低压分离器，进一步分出气体，分出的气体作燃料气。液体进入加热炉加热后进入分馏塔，分出液化气、汽油(石脑油)、煤油、柴油、塔底油，塔底油再进入加热炉加热后，在减压塔中分出润滑油馏分。

第三篇
石油产品应用

第三章

[illegible]

第一章　燃料油

燃料是石油产品最重要也是生产量最大的部分。主要有汽油、煤油、柴油及锅炉燃料油，它是发动机动力的来源，锅炉的热源，日常生活中照明、取暖和炊事用的油料，其数量占全部石油产品的很大部分，是用量最大的石油产品。

第一节　汽　　油

汽油是用在点燃式发动机上的燃料。

一、点燃式发动机的工作过程

通过点燃式发动机的工作过程，可以看出对汽油使用性能的要求。

1. 点燃式发动机

点燃式发动机又叫汽油发动机或汽化器式发动机。其使用易挥发的汽油为燃料，在气缸外利用汽化器形成可燃混合汽，燃料的燃烧是用电火花点燃的内燃机。使用点燃式发动机作动力装置的有轻型汽车，如小轿车、城市公共汽车及使用活塞式发动机的飞机等。

2. 四冲程点燃式发动机的工作过程

点燃式发动机有二冲程，大部分为四冲程工作过程。冲程是指气缸内活塞自上死点到下死点的直线距离为一个冲程。上死点是活塞由曲轴带动运动到最高部位，带动活塞运动到最高点；下死点是曲轴运动到最低部位，带动活塞运动到最低点。下面以四冲程为例说明点燃式发动机的工作过程。

由燃油泵送来的汽油燃料经滤网通过针形阀进入浮子室(其内有浮子)，带动针形阀使浮子室的燃油保持一定的液面高度，浮子室上有孔与大气相通，保证燃料的供应。

进气冲程：活塞下行，空气由入口被吸入，流至喉管，在喉管处造成一定的真空度，此时燃料在大气压力作用下经导管由喷嘴喷出，喷出的燃料与喉管中高速流动的空气流相接触，由于燃料流速仅为空气流速的1/25，因此，在流动空气动力的作用下被击碎成细小颗粒，这时一部分燃料立即蒸发成油气，一部分成较小颗粒悬浮在气流中，一边流动一边蒸发，还有一部分颗粒较大的燃料沉积在进气管壁上形成油膜，沿着壁面流向气缸。

压缩冲程：活塞自下死点上行，混合气被压缩升温，当活塞快到达上死点时，火花塞电极点火，燃烧开始，混合气体在燃烧室内迅速燃烧。

膨胀作功：燃料燃烧，燃烧室温度最高达2000~2500℃，最高压力3~5MPa，燃烧过程中，高温高压气体推动活塞下行，带动拉杆，使曲轴旋转对外做功，到下死点时，膨胀过程结束。

排气冲程：排气阀打开，活塞被曲轴带动而上行，将残余的燃气排出气缸，完成一个循环。

发动机曲轴可以连接多个气缸，如四个或六个气缸等，有的活塞向下，有的活塞向上，有些过程是不重叠的，总有一个对外做功，通过相互带动使发动机连续工作。图 3-1-1 是点燃式发动机原理构造图。

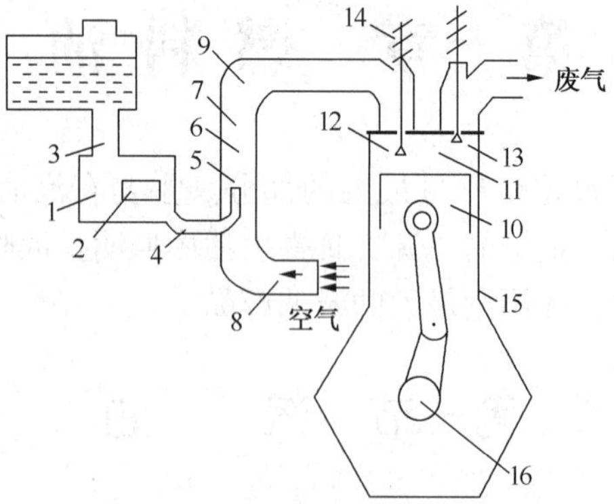

图 3-1-1 点燃式发动机原理构造图

1—浮子室；2—浮子；3—针阀；4—导管；5—喷嘴；6—喉管；7、8—节气阀；
9—混合室；10—活塞；11—火花塞；12、13—进排气阀；14—弹簧；15—气缸；16—曲轴

在发动机整个工作过程中，气缸内的温度、压力不断变化，而且很高，表 3-1-1 列出了汽车发动机气缸的温度和压力。由以上发动机的工作过程和条件可以看出，要保证发动机正常的工作，对发动机燃料汽油的使用性能有很高的要求，对发动机的材质也有非常高的要求。

表 3-1-1　汽车发动机气缸的温度和压力

过　程	温度/℃	压力/$\times 10^5$Pa(表)
进气行程终了	80~130	0.7~0.9
压缩行程终了	250~300	6~15
燃烧时最高温度、压力	2000~2500	30~50
膨胀行程终了	1100~1500	3~6
排气完毕	700~800	1.1~1.2

3. 发动机的压缩比

点燃式发动机各工作过程中，压缩冲程终了时的压力对发动机的经济性影响很大，它由发动机的压缩比决定。

$$压缩比=气缸总容积\ V_1/燃烧室容积\ V_2$$

式中　V_1——活塞至下死点气缸的容积，m^3；

V_2——活塞至上死点气缸的容积，m^3。

压缩比越大，发动机的功率和经济性越好，但压缩比太高，对发动机材质和汽油的要求也越高，因此，国产汽油机的压缩比一般为 6~8.5。

二、汽油的抗爆性

1. 爆震及抗爆性

(1) 爆震现象。发动机压缩比增高，发动机的功率和经济性提高。由表 3-1-2 汽油机压缩比与功率和耗油率的关系可以看出：压缩比越大，汽油机功率越大，耗油率越小，所以总希望使用压缩比高的发动机。

表 3-1-2　汽油机压缩比与功率和耗油率的关系

压缩比	功率/%	耗油率/%
6.0	100	100
7.0	108	93
8.0	114	88
9.0	118	85
10.0	120	82

增大压缩比，使发动机内的压力和温度增高，在实践中发现，有些燃料应用在低压缩比的发动机上可以正常工作，如果应用在较高压缩比的发动机上，就会发生爆震现象，即气缸内发出敲击声，燃烧室温度猛烈增高，排气带有黑色烟雾等现象，这时提高了压缩比，热功效率不但不提高，反而下降，严重时，由于气缸内的敲击和高温，甚至导致发动机零件的损坏。所以对点燃式发动机的燃料汽油提出了一个十分重要的使用要求，即抗爆性。不同压缩比的发动机要采用不同抗爆性的燃料，表 3-1-3 列出了不同压缩比汽油机对汽油辛烷值的要求。如果抗爆性很好的燃料，使用在压缩比很高的发动机中，不会发生爆震现象，可获得很高的热功效率；如果燃料的抗爆性很差，即使使用在压缩比很低的发动机中，也有爆震现象发生，而不能正常工作。

表 3-1-3　不同压缩比汽油机对汽油辛烷值的要求

汽油机的压缩比	<7.0	7.0~8.0	>8.0
所用汽油的最低辛烷值(马达法)	70 或 66	75 或 80	85

（2）爆震的产生：爆震是由于燃料的不正常燃烧造成的。

燃料的正常燃烧是在压缩冲程开始，混合气中的烃类生成过氧化物，经火花塞电极点火后，迅速燃烧，产生焰峰，呈球面以 20~40m/s 的正常速度向前推进，在火焰经过的区域温度迅速升高，燃烧产物体积增大，当燃烧产物向前膨胀时，未燃气体受到它的压缩，其温度也迅速上升，过氧化物的积聚速度加快，开始猛烈的燃烧。

燃料的不正常燃烧是在某种情况下，在火焰燃烧面尚未传到的部分，如果过氧化物的浓度已经很高，其温度已经超过自燃点温度许多，这时未燃气体中将出现许多燃烧中心，使燃烧速度猛增到 1000m/s，燃烧以爆炸的方式进行，使气缸压力骤然增加，可达正常的 2~4 倍，结果产生爆震。使气缸产生局部过热和猛烈的金属敲击声，以及由于火焰瞬间掠过，使部分燃料还来不及燃烧完全，而排出黑烟，耗油量增加，功率下降。

（3）爆震及抗爆性的影响因素：

① 与燃料的性质有关。如果燃料很易氧化，氧化后的过氧化物不易分解，自燃温度较低，爆震现象比较容易发生；反之，如果燃料不易氧化，或者过氧化物很容易分解，而不易积聚，或其自燃温度高，则不易发生爆震。对相对分子质量越小或沸点越低的同一族烃，因为其自燃点高，则不易发生爆震现象。当相对分子质量大小相近，烃类自燃点由低到高的顺序为：正构烷烃<环烷烃、带支链很少的异构烷烃、烯烃<带支链较多的异构烷烃、芳香烃。表 3-1-4 列出了不同烃类的辛烷值，表 3-1-5 列出了不同碳数正构烷烃的沸点和辛烷值。

表 3-1-4　不同烃类的辛烷值(马达法)

族类	五碳烃	辛烷值	六碳烃	辛烷值	七碳烃	辛烷值	八碳烃	辛烷值
正构烷烃	正戊烷	62	正己烷	26	正庚烷	0	正辛烷	-17
烯烃	2-戊烯	80			1-庚烯	63	2-辛烯	55
环烷烃	环戊烷	85	环己烷	77	甲基环己烷	72	乙基环己烷	41
异构烷烃	2-甲基丁烷	90	2-甲基戊烷 2，3-二甲基丁烷	73 95	2，2-二甲基戊烷 2，2，3-三甲基丁烷	96 104	2，2，4-三甲基戊烷	100
芳香烃			苯	>100	甲苯	>100	乙苯 二甲苯	98 >100

表 3-1-5　不同碳数正构烷烃的沸点和辛烷值

正构烷烃中碳数	C_4	C_5	C_6	C_7	C_8
沸点/℃	-0.5	36	68.7	98.4	125.7
辛烷值(马达法)	90.5	62	26	0	-17

② 与发动机的工作条件有关。如果发动机的工作温度高，压缩比大，会促使爆震现象的发生，所以燃料的抗爆性要与发动机的压缩比相匹配。

2. 汽油抗爆性的表示方法

(1) 一般汽油抗爆性的表示方法。一般汽油的抗爆性用辛烷值来表示，辛烷值越高其抗爆性越好。根据实验条件的不同，有马达法辛烷值和研究法辛烷值。

马达法辛烷值=研究法辛烷值×0.8+10

辛烷值是指取异辛烷(2，2，4-三甲基戊烷)，定其辛烷值为 100，正庚烷辛烷值为 0，以不同的体积比混合，可得到各种抗爆性等级的混合液，作为标准燃料，在标准的试验单缸发动机中，其工作条件相同的情况下，将待测试样与标准燃料比较，当待测燃料与某一比例的标准燃料抗爆性相同，或没爆震时所发出的最大功率一样，则标准燃料所含异辛烷的体积分数为待测燃料的辛烷值(GB/T5487)。如某汽油辛烷值为 93，表明它与 93%异辛烷和 7%正庚烷的标准混合液抗爆性相同。

(2) 航空汽油抗爆性的表示方法：

① 贫混合气。过剩空气系数 α 为 0.8~1.0 时，发动机处于贫混合气工作状态，如飞机巡航飞行时，此时燃料的抗爆性用辛烷值来表示，辛烷值越高的其抗爆性越好。

过剩空气系数 α=进入气缸的实际空气供给量/完全燃烧时空气的理论用量

② 富混合气。过剩空气系数 α 为 0.6~0.65 时，发动机处于富混合气工作状态，如飞机起飞和爬高飞行时，此时燃料的抗爆性用品度值来表示，品度值越高的其抗爆性越好。

品度值=汽油富混合气下没发生爆震时的最大功率/纯异辛烷没发生爆震时的最大功率×100

设定纯异辛烷的品度值为 100(SY2119)。如某燃料的品度值为 130，表示发动机使用这种汽油在富混合气条件下工作，没发生爆震时，所获得的最大功率比用纯异辛烷大 30%。

因为抗爆性对汽油的使用非常重要，所以用汽抗爆性指标作为汽油的牌号，如 93#汽油表示其辛烷值不低于 93；RH-100/130 航空汽油表示其贫混合气条件下辛烷值不低于 100 及富混合气条件下品度值不低于 130。

3. 提高汽油抗爆性的方法

（1）调合和加工。在炼油厂常采用调合和加工的方法，用高辛烷值汽油进行调合，提高汽油的辛烷值，是最基本的方法。利用二次加工，如催化裂化、催化重整等加工方法，使组分发生分解反应、异构化反应、氢转移反应、芳构化反应等，可以提高产品自燃点，减少氧化，提高汽油的辛烷值。但这种方法一般可得到80#、85#汽油，再进一步提高汽油辛烷值，成本太高。

（2）加入抗爆剂。加入极少量的抗爆剂，可使汽油辛烷值提高得很多。如过去常用的乙基液抗爆剂，主要成分是四乙基铅，只加入0.3%，可提高辛烷值15~20个单位，它在油品中可以消灭过氧化物，提高汽油的自燃点，起到抗爆的作用。但加铅汽油有毒，对人体伤害极大，排出的燃烧废气污染大气，因此，世界上基本禁止使用加铅汽油。

（3）加入掺合剂。掺合剂是辛烷值非常高的有机化合物，掺合到油料中，可以提高汽油的辛烷值，如已经工业化的“MTBE”（甲基叔丁基醚）。目前，用乙醇与汽油调合，得到辛烷值高的乙醇汽油，是一种即无污染又提高了汽油辛烷值的好方法。

三、汽油的蒸发性能

汽油在进入发动机气缸前，先在汽化器中汽化，并与空气形成混合气。汽油在汽化器中蒸发的是否完全、与空气混合的是否均匀，对燃烧有直接的影响。它与汽油的蒸发性能有关，汽油的轻质组分含量越多，其蒸发性越好，与空气混合得越均匀，进入气缸内混合气燃烧得越完全，能保证发动机顺利地工作。但是，汽油的蒸发性不能过高，否则，汽油在未进入汽化器前就会在输油管中蒸发，形成气阻，中断供油，使发动机停止工作。评定汽油蒸发性能的指标用馏程和蒸气压。

1. 馏程

（1）启动性能。汽油恩氏蒸馏的初馏点和10%点馏出温度是衡量汽油在发动机中启动性能的指标。如10%点馏出温度过高，在冬季严寒地区使用这种汽油时，汽车启动就有困难，耗油量增加，表3-1-6是汽油10%点馏出温度对发动机启动时间和启动耗油量的影响，表3-1-7是汽油10%点馏出温度与保证发动机冷启动最低气温间的关系。因此，我国车用无铅汽油要求10%点馏出温度不高于70℃，航空汽油不高于80℃。

表3-1-6　汽油10%点馏出温度对发动机启动时间和启动耗油量的影响

大气和发动机的温度/℃	具有以下10%馏出温度汽油的起动时间/s		具有以下10%馏出温度汽油的启动时的耗油量/mL	
	79℃	72℃	79℃	72℃
0	10.5	9.4	10	8.7
-6	45	29	48	30
-16	515	225	678	399

表3-1-7　汽油10%点馏出温度与保证发动机冷启动最低气温间的关系

10%馏出温度/℃	48	59	64	68	75	77	86
大气温度/℃	-26~-27	-21~-22	-18~-19	-16~-17	-12~-13	-11~-12	-7~-8

（2）加速性能。汽油恩氏蒸馏的50%点馏出温度是衡量汽油在发动机中加速性能的指标。若这一馏出温度过高，当发动机由低速骤然变为高速而需要加大油门增加进油量时，燃

料会来不及完全汽化，使燃烧不完全，甚至燃烧不起来，发动机不能发出需要的功率。如常遇到汽车爬坡速度太慢或中途停下来，如果机件正常，可能就是因为汽油不能保证加速性能的缘故。表 3-1-8 是汽油 50%点馏出温度对发动机预热时间的影响。因此，我国车用无铅汽油要求 50%点馏出温度不大于 120℃，航空汽油不大于 105℃。

表 3-1-8　汽油 50%点馏出温度对发动机预热时间的影响

汽油 50%点馏出温度/℃	发动机预热时间/min
104	10
127	15
148	>28

（3）经济性能。汽油恩氏蒸馏的 90%点馏出温度和终馏点是衡量汽油在发动机中蒸发完全程度的指标。如果 90%点馏出温度和终馏点温度太高，说明重质成分过多，部分组分不能完全汽化，结果降低了发动机的功率和经济性，产生结焦和磨损，损坏发动机。表 3-1-9是汽油干点对发动机磨损和耗油量的影响。因此，要求终馏点在 200℃前为汽油的基准。

表 3-1-9　汽油干点对发动机磨损和耗油量的影响

汽油干点/℃	活塞磨损/%	汽油耗量/%
175	97	98
200	100	100
225	200	107
250	500	140

注：以干点为 200℃的汽油为准。

2. 蒸气压

馏程中规定 10%点馏出温度不高于某一数值，为保证启动性能，但 10%点馏出温度过低时，会导致供油系统产生气阻现象。表 3-1-10 是汽油 10%点馏出温度与形成气阻时油温的关系。外界温度越高，压力越低，油品挥发度越大，蒸气压越大，越易产生气阻。表 3-1-11是大气温度与不产生气阻的最高蒸气压的关系，因此，用蒸气压不能过大来满足不发生气阻的要求。如在南方或夏季和青藏高原等地带行驶车辆时，由于气温高或大气压力低，使油品的挥发度增大，蒸气压增高，易形成气阻而中断供油。尤其是飞机高空飞行，大气压力降低，燃料的沸点也随之降低，油箱中燃料的温度下降较慢，此时易产生气阻现象而中断燃料的供应，会发生危险。因此，国家对航空汽油有更严格的要求，一般要求蒸气压在 27～48kPa，车用汽油要求不大于 74～88kPa。

表 3-1-10　汽油 10%点馏出温度与形成气阻时油温的关系

汽油 10%点馏出温度/℃	40	50	60	70	80
开始产生气阻时油温/℃	-13	7	27	47	67

表 3-1-11　大气温度与不产生气阻的最高蒸气压的关系

大气温度/℃	10	16	22	28	33	38	44	49
不产生气阻的最高蒸气压/$\times 10^5$Pa	0.97	0.84	0.76	0.69	0.56	0.49	0.41	0.37

四、汽油的使用性能

汽油的使用性能除上述比较重要的抗爆性和蒸发性外，其他使用性能也不容忽视，概括如下：

① 良好的蒸发性能和可靠的燃料供给。

② 抗爆性能要好。

③ 抗氧化安定性好，在储存和运输中生成的胶质倾向小。

④ 对发动机零件没有腐蚀作用。

表 3-1-12 列出了车用无铅汽油国家标准(GB 17930—1999)。

表 3-1-12 车用无铅汽油国家标准(GB 17930—1999)

项 目	质量指标			试验方法
	90#	93#	95#	
抗爆性				
研究法辛烷值(RON) ≮	90	93	95	GB/T 5487
抗爆指数(RON+MON)/2 ≮	85	88	90	GB/T 503 GB/T 5487
铅含量/(g/L) ≯		0.005		GB/T 8020
馏程				GB/T 6536
10%蒸发温度/℃ ≯		70		
50%蒸发温度/℃ ≯		120		
90%蒸发温度/℃ ≯		190		
终馏点/℃ ≯		205		
残留量/%(体积) ≯		2		
蒸气压/kPa				GB/T 8017
9 月 16 日至 3 月 15 日 ≯		88		
3 月 16 日至 9 月 15 日 ≯		74		
实际胶质/(mg/100mL) ≯		5		GB/T 8019
诱导期/min ≮		480		GB/T 8018
硫含量/% ≯		0.10		GB/T 380
硫醇(需满足下列条件之一)				
博士试验		通过		SH/T 0174
硫醇硫含量/% ≯		0.001		GB/T 1792
铜片腐蚀(50℃，3h)/级 ≯		1		GB/T 5096
水溶性酸或碱		无		GB/T 259
机械杂质及水分		无		目测
苯含量/%(体积) ≯		2.5		GB 17930—1999
芳烃含量/%(体积) ≯		40		GB/T 11132
烯烃含量/%(体积) ≯		35		GB/T 11132

第二节　柴　　油

柴油是使用在压燃式发动机上的燃料，通过压燃式发动机的工作过程，了解柴油的使用性能。

一、压燃式发动机的工作过程

1. 压燃式发动机

压燃式发动机又叫柴油机，以柴油作为燃料，燃料的汽化及与空气的混合在气缸内进行，燃料的燃烧是靠燃料的自燃点火，压缩比高达16~20，因而热功效率比汽化器式发动机高，耗油量小，降低了运转成本。不同转速的柴油机可以使用从轻柴油到重柴油各种馏分，增加了燃料的资源，缺点是单位功率重量较大。柴油机用在大马力运输工具及固定式机械上，如载重汽车、公共汽车、拖拉机、建筑机械、矿山机械、铁路运输、军用机械及各种船舶等。我国主要发展公共交通事业，尤其农业机械化，需要大量的柴油，因此，考虑到我国的特点，在生产加工上要采取相应的措施。

2. 工作过程

柴油机工作过程有二冲程(如砸夯机)，大部分为四冲程工作过程：

进气冲程：当活塞行程往下，进气阀自动打开，空气被吸入气缸，活塞达到最低位置时，进气阀关闭。

压缩冲程：活塞往上，气缸中的空气受到压缩，压缩是近于绝热的情况下进行，空气的温度及压力急剧上升，压缩终了温度可达500~700℃，压力可达3.5~4.5MPa。

膨胀做功：当活塞快到上死点时，喷油嘴打开，燃料被喷入气缸，由于气缸中的温度、压力很高，达到了燃料的自燃点，因此，喷入的燃料迅速汽化，与空气混合，自燃着火燃烧，燃烧产物推动活塞向下运动，对外做出机械功。

排气冲程：膨胀终了后，由于曲轴的惯性，活塞向上运动，废气阀打开，使废气排出气缸，完成一个循环过程。

图3-1-2是柴油机原理构造图。

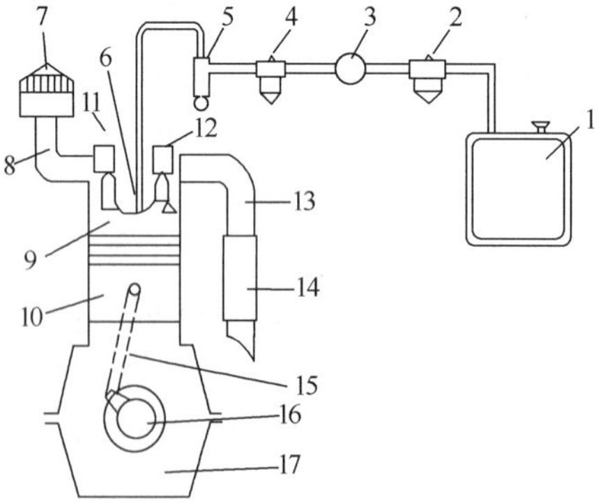

图3-1-2　柴油机原理构造图

1—油箱；2—粗过渡器；3—输油泵；4—细过滤器；5—高压油泵；6—喷嘴；7—空气滤清器；8—进气管；9—气缸；10—活塞；11—进气阀；12—排气阀；13—排气管；14—消声器；15—连杆；16—曲轴；17—曲轴箱

3. 压燃式发动机与点燃式发动机工作过程的不同点

① 压燃式发动机将液体燃料单独送入气缸，在气缸中形成燃料与空气的混合气，压缩的是空气。点燃式发动机则不同。

② 压燃式发动机是通过压缩空气，喷入燃料自燃点火。点燃式发动机靠火花塞打火点着。

③ 压燃式发动机燃料与点燃式发动机燃料的性质不同，柴油比汽油黏度大、挥发性较低、自燃温度低（400～500℃左右），适于直接喷入气缸汽化，自燃燃烧。而汽油不同。

二、柴油的抗爆性

1. 爆震及抗爆性

柴油在压燃式发动机中的燃烧过程分为三个阶段：①着火落后期：从喷油开始到一个或几个自燃火源的形成。②火焰传播期：燃烧的传播是从几个火源同时进行，燃烧的不仅是第一时期喷入的燃料，也有第二时期正在喷入的燃料，燃烧异常猛烈，气缸压力猛升。③逐步燃烧期：从火焰占据整个燃烧室开始，到燃烧将近结束，气缸压力开始显著下降为止。其中着火落后期是影响柴油机平稳工作的重要因素。

如果燃烧着火落后期越长，从燃料喷入气缸到开始着火的瞬间，气缸内燃料量积存越多，着火时就会以爆炸的形式燃烧，引起气缸内压力猛升，发生爆震，现象与点燃式发动机爆震类似，使发动机工作效率下降，耗油量增加，甚至损坏发动机部件。因此，柴油也要求抗爆震的性能，或称为柴油燃烧的平稳性，它主要由燃料的自燃点决定，如果柴油组分中含有不易氧化的组分太多，或自燃点太高，则容易发生爆震。

2. 柴油抗爆性的表示方法

（1）十六烷值。柴油抗爆性的表示方法与汽油类似，用十六烷值作为评价指标，十六烷值大，抗爆性好。十六烷值是取纯正十六烷，定其十六烷值为100；纯 α-甲基萘，定其十六烷值为0。以不同体积比混合，得到不同抗爆性等级的标准燃料，在一定结构的单杠试验机上，与待测柴油对比，当某一组成的标准燃料与待测柴油在同样实验条件下，抗爆性相当或在没发生爆震两者所发出的最大功率一样时，标准燃料所含正十六烷的体积分数作为待测柴油的十六烷值（GB/T 386）。如某柴油十六烷值为45，表示该柴油与含45%正十六烷和55%α-甲基萘所组成的标准燃料抗爆性相当。

柴油十六烷值影响发动机的整个燃烧过程，十六烷值高的柴油，燃烧均匀，热转化为功的效率高；十六烷值低的柴油，燃烧过程所发出的功率不均匀，增加了燃料消耗。但柴油与汽油不同，汽油的辛烷值越高越好，而柴油的十六烷值在40～55之间是经济适用的，柴油的十六烷值过高，减少了燃料的来源，当十六烷值高于65后，由于燃料的着火落后期太短，燃料喷入气缸尚未形成均匀混合气时，燃料就自燃燃烧，以致空气不充足，燃料燃烧不完全，产生热分解，形成炭烟排出气缸，增加燃料的消耗量，使排气冒黑烟。因此，对不同转速的柴油机，要求一定的十六烷值即可。表3-1-13列出了不同转速柴油机对柴油十六烷值的要求。

表 3-1-13 不同转速柴油机对柴油十六烷值的要求

柴油机转速/(r/min)	要求柴油的十六烷值
<1000	35
1000~1500	40~45
>1500	45~60

（2）十六烷值的计算。柴油的十六烷值是由组分的氧化性决定的，因而通过柴油的组成可以估算其十六烷值，下面给出几个经验公式：

$$十六烷值=0.85P+0.1N-0.2A \tag{3-1-1}$$

式中 P、N、A 分别为燃料中烷烃、环烷烃和芳香烃的百分含量

$$十六烷值=29.26-0.1779x+0.005809x^2 \tag{3-1-2}$$

式中 x 为试样的苯胺点 t_A（苯胺与油品等体积混合时的最低溶解温度℃）和标准密度 ρ_{20} 之比。

注：当十六烷值高于 70 时，结果比实测值偏差较大。

柴油指数也可以表示柴油的抗爆性，其值大，表示抗爆性好。

$$柴油指数=(1.8t_A+32)(141.5-131.5d_{15.6}^{15.6})/100d_{15.6}^{15.6} \tag{3-1-3}$$

$$十六烷值=2/3\times柴油指数+14 \tag{3-1-4}$$

3. 柴油机与汽油机燃料爆震的区别

汽油机的爆震是由于气缸内未燃混合气中，烃类太易氧化，过氧化物聚集过多，以致在火焰前锋到达之前发生自燃而引起的。柴油机的爆震是由于最初喷入气缸的燃料太不易氧化，过氧化物准备不足，着火落后期太长，迟迟不能自燃，以致喷入的燃料积累过多，自燃一开始，引起气缸内压力增长过快而引起的。

就爆震而言，柴油机与汽油机对燃料的组成要求不同，柴油要求易于自燃的燃料，而汽油则相反。在相对分子质量相近的情况下，不同烃类自燃点由低到高的顺序是：正构烷烃<环烷烃、异构烷烃<芳香烃，尤其是稠环芳香烃。表 3-1-14 列出了柴油化学组成对十六烷值的影响。

表 3-1-14 柴油化学组成对十六烷值的影响

柴油编号	柴油的化学组成/%			十六烷值
	烷烃	环烷烃	芳香烃	
1	85	9	6	66
2	80	10	10	63
3	75	12	13	55
4	67	15	18	45
5	45	22	33	32

三、柴油的雾化性能和低温流动性能

1. 黏度

黏度是衡量柴油雾化性能的指标。黏度大的柴油，雾化性差，燃烧不完全，分子间相互作用力增大，雾化形成的油滴平均直径大，喷射的射程远，油滴将落在燃烧室壁和活塞顶上而形成积炭，使耗油量增加。表 3-1-15 是黏度对耗油率的影响。反之，黏度小的柴油，雾

化性好，燃烧完全，但如果油滴的平均直径太小，射程近，燃料将在喷油嘴附近燃烧，不能充分利用燃烧室的全部空气，也会燃烧不完全，发动机功率下降。另外，柴油又是输油泵和喷油泵的润滑剂，黏度太小，影响泵的可靠润滑，使磨损加剧；黏度太大，使输油泵的效率降低，减少发动机的供油量。因此，对柴油的黏度有规定的要求，最好的情况是喷出的油滴能分布到燃烧室全部容积中，以保证燃烧完全，所以，黏度必须在一定范围内。我国要求轻柴油的黏度 v_{20} 为 3.0~8.0mm^2/s。

表 3-1-15　黏度对耗油率的影响

柴油密度/(g/cm^3)	0.8861	0.8923	0.9052	0.9063	0.9226	0.9250	0.9296
运动黏度(50℃)/(mm^2/s)	6.5	7.8	14.8	16.2	43.0	54.0	65.0
耗油率/(g/h)	246	250	247	250	260	315	328
排烟程度/条件单位	77	76	82	—	85.6	95	95.8

2. 浊点和凝点

浊点和凝点是衡量柴油低温流动性能的指标。当柴油的浊点和凝点高于规定指标时，可能造成供油系统的堵塞。一般浊点较凝点高出 5~10℃或更高，柴油在达到浊点时并没有失去流动性，但易堵塞滤清器，引起供油中断，所以，浊点是非常重要的。在烃类中，当碳数相近时，凝点的高低顺序为：正构烷烃>芳香烃>环烷烃、异构烷烃(支链越近靠中心越低)。柴油中凝点高的烃类含量多，其凝点增高，因此，石蜡基原油的直馏柴油凝点比环烷基原油的直馏柴油凝点高，如大庆原油(石蜡基)轻柴油馏分(180~300℃)的凝点为-21.5℃，而孤岛原油(环烷基)轻柴油馏分(180~300℃)的凝点为-48℃。表 3-1-16 是烷烃的化学结构与其凝点和十六烷值的关系。

表 3-1-16　烷烃的化学结构与其凝点和十六烷值的关系

烷烃名称	分子式	凝点/℃	十六烷值
正十二烷	$C_{12}H_{26}$	-12	72
2，2，4，6，6-五甲基庚烷	$C_{12}H_{26}$	-72	9
正十六烷	$C_{16}H_{34}$	20	100
7，8-二甲基十四烷	$C_{16}H_{34}$	-70	40

柴油的低温流动性表明其是否能在低温下使用，是柴油重要的使用性能指标，因此，柴油是以凝点作为牌号，如-10#轻柴油的凝点要求低于-10℃。

四、柴油的蒸发性能

柴油喷入发动机燃烧室中，在高温和空气压力条件下先汽化，与空气形成可燃混合气后才发生自燃。形成混合气的速度取决于温度、蒸发面的大小和燃料的馏分组成，压缩终了时，燃烧室内温度可达 500℃以上，这样的温度足以使大部分已被雾化的燃料在极短的时间内蒸发；燃料的雾化程度对蒸发速度影响很大，雾化后液滴的平均直径越小，单位体积被雾化燃料的表面积就越大，蒸发速度越快，黏度越小的柴油，雾化的越好，蒸发越快；馏分组成较轻的燃料，蒸发速度快，馏分较重的燃料，喷入燃烧室后不能很快汽化和形成可燃混合气，因而燃烧将在膨胀行程中继续进行，未蒸发的油滴会裂解产生部分气体烃和难于燃烧的炭粒，使积炭量和燃料消耗量增加，经济性降低，从启动性考虑，较轻柴油利于启动。表 3-1-17是柴油馏程与单位耗油量的关系，表 3-1-18 是柴油 50%馏出温度同启动性的关系。但是馏分太轻，自燃开始的瞬间所喷出的燃料同时燃烧，结果容易引起发动机爆震，以爆炸的形式燃烧。我国规定轻柴油(适用于1000r/min以上的高速柴油机)的馏程为300℃馏出量不小于50%，350℃馏出量不小于90%~95%，重柴油的馏分组成不作严格规定，只限制残炭的含量。

表3-1-17　柴油馏程与单位耗油量的关系

序号	1	2	3
柴油在300℃时馏出量/%	39	31	20
柴油机单位耗油量/%	100	114	131

表3-1-18　柴油50%馏出温度同启动性的关系

柴油50%馏出温度/℃	200	225	250	275	285
柴油机启动时间/s	8	10	27	60	90

五、柴油的使用性能

轻柴油使用性能要求概括如下：

① 良好的雾化性能和可靠的燃料供给。即要求燃料具有一定的黏度，低的凝点和浊点。

② 良好的蒸发性能和燃烧性能。即要求燃料有一定的馏分组成和十六烷值，保证发动机工作的平稳性和经济性。

③ 燃料对机件没有腐蚀和磨损。

④ 良好的储存安定性和热安定性，以保证燃料不堵塞滤清器或不在喷油嘴上形成积炭。

表3-1-19列出了轻柴油国家标准(GB 252—2000)。

表3-1-19　轻柴油国家标准(GB 252—2000)

项　　目		$10^{\#}$	$5^{\#}$	$0^{\#}$	$-10^{\#}$	$-20^{\#}$	$-35^{\#}$	$-50^{\#}$	试验方法
色度/号	≯				3.5				GB/T 6540
氧化安定性/总不溶物/(mg/100mL)	≯				2.5				SH/T 0175
硫含量/%	≯				0.2				GB/T 380
酸度/(mgKOH/100mL)	≯				7				GB/T 258
10%蒸余物残炭/%	≯				0.3				GB/T 268
灰分/%	≯				0.01				GB/T 508
铜片腐蚀(50℃，3h)/级	≯				1				GB/T 5096
水分/%(体积分数)	≯				痕迹				GB/T 260
机械杂质					无				GB/T 511
运动黏度(20℃)/(mm^2/s)				3.0~8.0		2.5~8.0		1.8~7.0	GB/T 265
凝点/℃	≯	10	5	0	-10	-20	-35	-50	GB/T 510
冷滤点/℃	≯	12	8	4	-5	-14	-29	-44	SH/T 0248
闪点(闭杯)/℃	≮			55			45		GB/T 261
十六烷值	≮				45				GB/T 386
馏程：									GB/T 6536
50%回收温度/℃	≯				300				
90%回收温度/℃	≯				355				
95%回收温度/℃	≯				365				
密度(20℃)/(kg/m^3)					实测				GB/T 1884 GB/T 1885

第三节　喷气燃料

喷气燃料是喷气式发动机的燃料，通过喷气式发动机的工作过程了解对其燃料的要求。

一、涡轮喷气式发动机的工作过程

1. 喷气式发动机的优点

喷气式发动机的重量相对较轻，飞机的飞行时速越快其重量越轻。如在飞行时速为1000km/h时，喷气式发动机的重量只有点燃式发动机的1/10；当飞行时速提高至2000km/h时，此比值更进一步下降至1/50。喷气燃料的热能转化为功的效率较高。因此，喷气式发动机主要用于高速飞行的飞机上。

2. 工作过程

图3-1-3是涡轮喷气式发动机工作原理图。空气经进气道进入离心式压缩机，提高空气的压力和温度，压力约为300~500kPa，温度升至150~200℃后，进入燃烧室，在启动时，由电火花对汽油喷嘴喷出的汽油点火后，再引入喷气燃料，压缩空气与喷气燃料混合成可燃混合气，并在燃烧室内进行连续不断地燃烧，当过剩空气系数 $\alpha=0.8\sim0.9$（贫混合气）时，燃烧室中心的燃气温度可达1900~2200℃。为了降低温度，在燃烧室的第二区送入过量空气，使燃烧室末端温度下降到750~850℃。然后，燃气进入燃气涡轮叶片，推动涡轮高速旋转，涡轮与空气压缩机装在同一轴上，涡轮轴的转速达8000~16000r/min，燃气通过燃气涡轮做功，再进入发动机的尾喷管，在500~600℃温度下，以高速从尾喷管喷出，产生反作用推力，推动飞机前进。

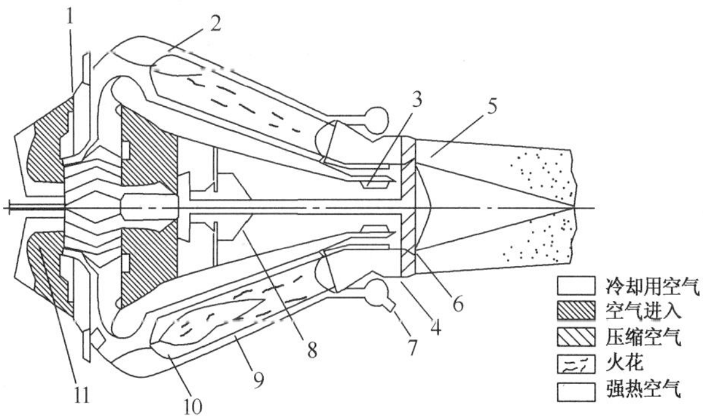

图3-1-3　涡轮喷气式发动机工作原理图

1—离心式压缩机；2—燃烧室；3—后轴承；4—涡轮整流窗；5—尾喷管；6—燃气涡轮；7—冷却空气出口；8—中轴承；9—冷却涡轮和后轴承的冷却叶轮；10—喷油嘴；11—前轴承

二、喷气燃料的燃烧性能

1. 热值

热值是每公斤或每升燃料完全燃烧时所放出的热量，分为质量热值和体积热值。

质量热值的单位用kJ/kg表示，它随元素组成中含氢量的增高或C/H降低而增大。质量热值越高，发动机燃料的"比消耗"越低，对于续航时间不长的歼击机，为了尽可能减少飞机载荷，应使用重量热值高的燃料。

体积热值的单位用 kJ/L 表示，它随其密度增高而增大。用于远程飞机的燃料，由于油箱的体积有限，为了保证最大航程，除重量热值应保持一定水平外，还要求尽可能大的体积热值，或者说需要高密度的喷气燃料。

在碳数相近的烃类中，烷烃含氢量最高，芳香烃含氢量最低，所以，质量热值的高低顺序为：烷烃>环烷烃>芳香烃；体积热值相反：芳香烃>环烷烃>烷烃。由此，质量热值和体积热值之间是相反相成的，为了使喷气燃料具有良好的能量特性，其组成应含有较多的环烷烃。芳香烃质量热值低，而且燃烧时易生成积炭，必须限制芳香烃的含量。正构烷烃结晶点高，低温流动性差。同一族烃类，当其异构化程度增加时，质量热值一般改变甚小，而其体积热值却大大增加，又由于异构烷烃的凝点较正构烷烃低，其质量热值和正构烷烃相差无几，但体积热值较正构烷烃有显著增加，因此，将正构烷烃异构化，成为制取喷气燃料的一个途径。

烃类的质量热值随沸点的增高而降低，而密度则随沸点增高而增高。因此，燃料的初馏点变低，含氢量增加，C/H 比变小，则质量热值增高，但密度减小，体积热值降低；终馏点变高，C/H 比变大，质量热值降低，而密度变大，体积热值却增高。因此，要满足质量热值，又要有大的体积热值，馏分组成要合适。

2. 雾化性能、蒸发性能、燃烧速度和完全燃烧

（1）雾化性能。喷气燃料雾化性能指标用黏度来表示。黏度过大的燃料，喷射锥角小，射程远，液滴大，雾化不好，燃烧不均匀、不完全，另外，黏度过大，在低温下不易流动，供油量减少。黏度过小，喷射锥角大，射程近，火焰燃烧区域宽而短，易引起局部过热，黏度过小，燃油泵磨损加大，损坏油泵。因此黏度要合适。

（2）蒸发性能。蒸发性能好的燃料，能迅速形成均匀混合气，有利于连续而稳定的燃烧，燃烧完全；若蒸发性差，不利于混合气的形成，影响连续稳定的燃烧，燃烧不完全，而且未蒸发的燃料受热分解，使积炭增加。蒸发性能用恩氏蒸馏数据衡量。

（3）燃烧速度。燃料燃烧包括喷散、氧化和化学反应三个过程，燃烧速度取决于颗粒喷散的大小和汽化的难易，也取决于化学反应的快慢。重质燃料不适于作喷气式发动机的燃料，因为它不能很好的喷散、汽化，使火焰拉长而通过涡轮叶片，易使叶片过热而弯曲。化学反应速度与燃料的化学组成有关，还与燃烧时的温度、压力、过剩空气系数及燃烧室内的流动条件有关。

（4）完全燃烧。燃料如果在发动机中不能完全燃烧，会使燃料所发出的热能降低。燃烧的完全度与烃类组成有关，在碳数相近的情况下，燃料完全燃烧由小到大的顺序为：双环芳香烃<单环芳香烃<带侧链的单环芳香烃<双环环烷烃<单环环烷烃<烷烃。

3. 积炭生成性能

燃料燃烧不完全会产生积炭，燃烧室火焰筒壁上形成积炭会恶化热传导，造成局部过热，使筒壁变形甚至破裂；如果喷油嘴上生成积炭，会使燃料雾化变坏，使火舌发生位移，燃烧状况恶化，并促使火焰筒壁加速生成积炭。

在各族烃中，芳香烃生成积炭的倾向最大，而且沸点越高，生成积炭的倾向越大，特别是双环芳香烃，对积炭生成的影响是主要的。图 3-1-4 是喷气燃料的平均沸点、芳香烃含量对生成积炭的影响。

（1）烟点。烟点或无烟火焰高度是指用特制的灯测定火焰在不发烟时的最大高度，以 mm 为单位表示（GB/T 382）。烟点的数值越大，说明火焰的生炭倾向越小，以此作为衡量生成软积炭的指标。见图 3-1-5 所示。

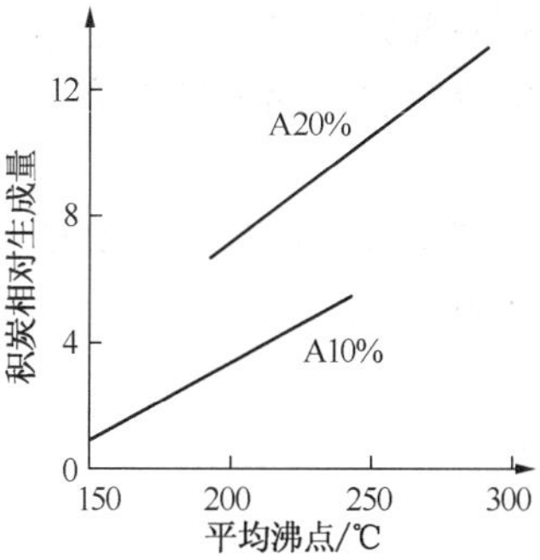

图 3-1-4　喷气燃料的平均沸点、芳香烃含量对生成积炭的影响

A10%—芳香烃含量为 10%的燃料；A20%—芳香烃含量为 20%的燃料

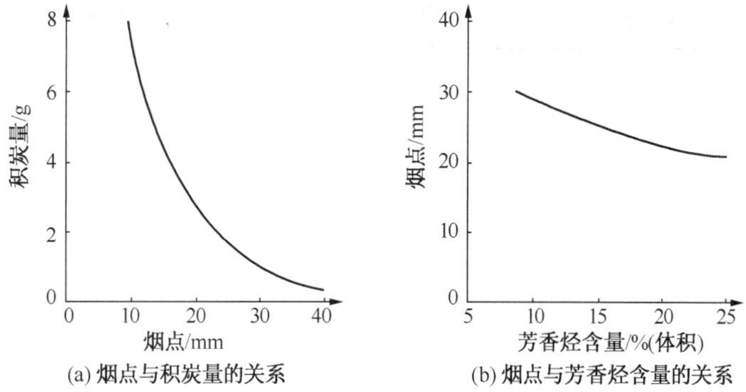

图 3-1-5　烟点与积炭

（2）辉光值。辉光值的测定方法是把异辛烷的辉光值定为 100，四氢萘的辉光值定为 0，用测定烟点的灯装四氢萘，在测定烟点的同时，计量火焰温度 $T_{四氢萘}$ 和火焰强度 S，再用异辛烷及喷气燃料试样在同样的火焰强度 S 下，测定火焰温度 $T_{异辛烷}$ 和 $T_{试样}$，求得辉光值（GB/T 11128）：

$$辉光值=(T_{试样}-T_{四氢萘})/(T_{异辛烷}-T_{四氢萘})\times100 \tag{3-1-5}$$

在碳数相近的情况下，各类烃辉光值高低顺序为：烷烃>单环环烷烃>双环环烷烃>芳香烃。辉光值越高，表明燃料燃烧时火焰的辐射强度越低，越不易生成积炭，辉光值是控制硬积炭的指标，我国要求喷气燃料的辉光值不小于 45。

4. 对喷气燃料烃类组成的要求

环烷烃是喷气燃料的理想组分，它具有良好的燃烧性能、润滑性能和热安定性能；其次是烷烃，尤其是异构烷烃，热值高，低温流动性好，正构烷烃易结晶；要限制单环芳香烃的含量，包括烷基苯及四氢萘，必须尽可能除去双环芳香烃，因其易产生积炭，损坏发动机。在非烃类中，少量环状硫醚类和某些天然的有机酸具有抗磨性能，其余非烃类对燃料的使用性能是不利的。

三、喷气燃料的使用性能

喷气燃料除上述的燃烧性能外还要求高空性能，其主要使用性能概括如下：

1. 应具有良好的燃烧性能

① 燃料应具有较大的发热值。

② 燃料的雾化性能和蒸发性能要好，以便易于启动和完全燃烧。

③ 要求具有很高的燃烧速度和能够完全燃烧。

④ 在燃烧室及其他构件上不生成积炭及腐蚀性燃烧产物。

2. 应具有良好的高空性能

① 低温流动性好，在低温时不析出烃类晶体和冰晶体。

② 在高空飞行中不发生气阻现象。

③ 应具有良好的热安定性。

④ 对高压油泵应具有良好的润滑性。

⑤ 不腐蚀金属零件。

⑥ 清洁度、抗静电、闪点等，其他一些使用性能达到要求。

表 3-1-20 是喷气燃料的质量标准(GB 438—77，GB 1788—79)。

表 3-1-20　喷气燃料的质量标准(GB 438—77，GB 1788—79)

项　　目		质量指标		试验方法
		$1^{\#}$喷气燃料	$2^{\#}$喷气燃料	
密度(20℃)/(kg/m^3)	≮	775	775	GB/T 1884 或 GB/T 1885
馏程				GB/T 255
初馏点/℃	≯	150	150	
10%馏出温度/℃	≯	165	165	
50%馏出温度/℃	≯	195	195	
90%馏出温度/℃	≯	230	230	
98%馏出温度/℃	≯	250	250	
残留量及损失量/%	≯	2.0	2.0	
闪点(闭杯)/℃	≮	28	28	GB/T 261
运动黏度/(mm^2/s)				GB/T 265
20℃	≮	1.25	1.25	
-40℃	≯	8.0	8.0	
结晶点/℃	≯	-60	-50	SH/T 0179(按未脱水法)
芳香烃含量/%	≯	20	20	SH/T 0177
碘值/(gI/100g)	≯	3.5	4.2	SH/T 0234
酸度/(mgKOH/100mL)	≯	1.0	1.0	GB/T 258
硫含量/%	≯	0.20	0.2	GB/T 380
硫醇性硫含量/%	≯	0.005	0.002	GB/T 1792
铜片腐蚀(100℃，2h)/级	≯	1	1	GB/T 5096
银片腐蚀(50℃，4h)/级	≯	1	1	SH/T 0023
净热值/(MJ/kg)	≮	42.9	42.9	GB/T 384
燃烧性能(需满足下列条件之一)				
无烟火焰高度/mm	≮	25	25	GB/T 382
萘系烃含量(无烟火焰高度≮20mm 时)/%	≯	3	3	SH/T 0181
辉光值	≮	45	45	GB/T 11128

续表

项目		质量指标		试验方法
		1#喷气燃料	2#喷气燃料	
实际胶质/(mg/100mL)	≯	5	5.0	GB/T 509
灰分/%	≯	0.005	0.005	GB/T 508
水溶性酸或碱		无	无	GB/T 259
机械杂质及水分		无	无	GB 438—77
水反应				GB/T 1793
体积变化/mL	≯	1	1	
界面情况/级	≯	1b	1b	
分离程度/级		实测	实测	

第四节　灯用煤油

灯用煤油主要用于点灯照明，一些地区进行养蚕、孵化等副业生产也需要灯用煤油，也可作为煤油炉的燃料、工业喷灯的燃料以及作为机械工业、油漆工业和农药等方面的溶剂油。灯用煤油的主要使用性能概括为：

① 具有良好的点燃性能，保证火焰稳定、明亮，不冒黑烟，没有臭味。

② 具有良好的吸油性能，灯芯吸油畅通。

③ 具有良好的洁净度。

④ 具有良好的安全性能。

表 3-1-21 列出了煤油国家标准(GB 253—89)。

表 3-1-21　煤油国家标准(GB 253—89)

项目		质量指标			试验方法
		优级品	一级品	合格品	
色度/号	≮	+25	+19	+13	GB/T 3555
硫醇硫/%	≯	0.001	0.003	—	GB/T 1792
硫含量/%	≯	0.04	0.06	0.10	GB/T 380
馏程					GB/T 6536
10%馏出温度/℃	≯	205	205	225	
终馏点/℃	≯	300	300	310	
闪点(闭口)/℃	≮		40		GB/T 261
冰点/℃	≯	-30	—	—	GB/T 2430
浊点/℃	≯	—	-15	-12	GB/T 6986
运动黏度(40℃)/(mm^2/s)		1.0~1.9	1.0~2.0	—	GB/T 265
燃烧性(点灯试验)					
16h(试验结束时达到下列要求)					GB/T 11130
平均燃烧速率/(g/h)		18~26	18~26	—	

续表

项目		质量指标			试验方法
		优级品	一级品	合格品	
火焰宽度变化/mm	≯	6	6	—	
火焰高度降低/mm	≯	5	5	—	
灯罩附着物浓密程度	≯	轻微		—	
灯罩附着物颜色	≯	白色		—	
8h		—	—	合格	SH/T 0178
烟点/mm	≮	—	—	20	GB/T 382
铜片腐蚀(100℃，3h)/级	≯	1	1	—	GB/T 5096
机械杂质及水分			无		目测
水溶性酸或碱			无		GB/T 259
密度(20℃)/(kg/m^3)	≯		840		GB/T 1884

第五节　溶剂油

溶剂油不作为燃料使用，其馏分组成接近汽油。主要用作溶剂、稀释、洗涤和萃取等。溶剂油馏分较窄，组分轻、蒸发性强，属易燃、易爆轻质油品，在使用和储运中，必须特别注意防火安全。同时，溶剂油是一种质量要求较高的油品，其储运的容器、管线及泵等设备必须符合规定要求，以防产品被污染。表 3-1-22 是溶剂油的质量标准(GB 1922—80)。

表 3-1-22　溶剂油的质量标准(GB 1922—80)

项目		质量指标						试验方法
		70$^{\#}$	90$^{\#}$	120$^{\#}$	190$^{\#}$	200$^{\#}$	260$^{\#}$	
馏程								GB/T 255
初馏点/℃	≮	60	60	80	40	140	195	
50%馏出温度/℃	≯				140			
98%馏出温度/℃	≯	70	90	120		200		
干点/℃	≯				190		260	
碘值/(gI/100g)	≯	0.5	0.5	0.5				SH/T 0243
芳香烃含量/%	≯			3.0		15	10	SH/T 0118
硫含量/%	≯	0.05	0.05	0.05				GB/T 380
闪点(闭口)/℃	≮					33		GB/T 261
闪点(开口)/℃	≮						65	GB/T 267
运动黏度(20℃)/(mm^2/s)	≯						2.4	GB/T 265
腐蚀(铜片，50℃，3h)					合格	合格		GB/T 378
油渍试验		合格		合格				GB 1922—80
机械杂质及水分		无	无	无	无	无	无	GB 1922—80
水溶性酸或碱		无	无	无	无			GB/T 259
密度(20℃)/(kg/m^3)	≯					780	810	GB/T 1884
外观		无色透明	无色透明	无色透明	无色透明	无色透明	无色透明	GB 1922—80

第六节 重　　油

重质燃料油主要用作锅炉燃料、冶金炉燃料和其他工业炉用燃料。在炼油厂，它可作为二次加工的原料，品质要求主要有黏度、闪点、凝点、灰分、水分、含硫量及机械杂质等。表 3-1-23 列出了燃料油行业标准(SH/T 0356—1996)。

表 3-1-23　燃料油行业标准(SH/T 0356—1996)

项目		质量指标				试验方法
		5#轻	5#重	6#	7#	
闪点(闭口)/℃	≮	55	55	60		GB/T 261
闪点(开口)/℃	≮				130	GB/T 3536
水和沉淀物/%(体积)	≯	1.00	1.00	2.00	3.00	GB/T 6533
运动黏度/(mm^2/s)						GB/T 11137
100℃	≮	5.0~8.9	9.0~14.9	15.0~50.0	185	
灰分/%	≯	0.15	0.15			GB/T 508

第二章　润　滑　油

润滑油是石油产品的一大类，虽然占石油产品的比例没有燃料油大，但润滑油的种类非常多，用途极广，它是由石油高沸点馏分加工得到的。

第一节　摩擦与润滑

一、摩擦的原因

1. 物体表面的不平滑

物体表面是不平滑的，由于切削金属表面有明显的刻痕，存在凸起和凹陷部分，这样的物体相互接触时，只有局部表面碰在一起，当发生相对运动时，凸起的部分就会相互碰撞产生摩擦。

2. 分子间引力

两个物体相互接触部分分子间的引力也会导致摩擦的产生。摩擦不一定随着表面粗糙度的减少而减小，有时反而增大，因为越是光滑，互相接触的部分越多，由分子间引力产生的摩擦阻力就越大，如两块玻璃，其中不加润滑剂，放在一块相对运动，摩擦力很大。

二、液体润滑

两个固体表面直接接触产生干摩擦。液体润滑是用一层足够厚度的液体层隔开两个工作表面，以液体摩擦代替干摩擦，图 3-2-1 是几种润滑状态示意图。

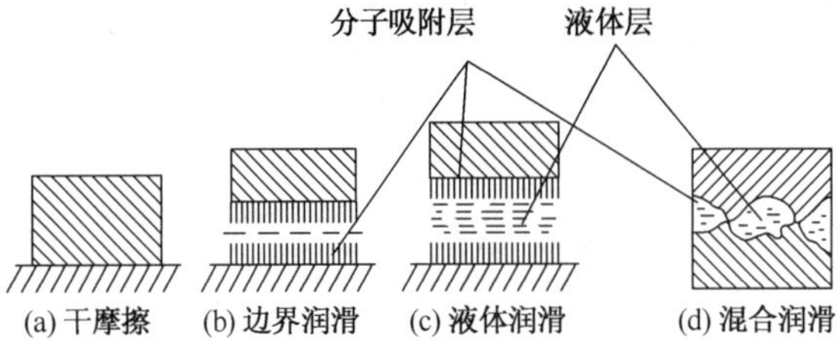

图 3-2-1　几种润滑状态示意图

三、轴承特性因数

当轴静止时，轴上的负荷使它紧紧地贴在轴承的下部，此时轴与轴承之间没有液体层形成。在刚开始转动时，轴沿着轴瓦滚动而上升，但立即由于负荷而降下，当轴转动起来后，它带着油以相同方向运动，这样油就从较宽的缝隙挤入较窄的缝隙，形成油楔力，当油楔力的大小足以克服轴的负荷时，轴就被升起，这样形成的液体层称为流体动力膜，这类润滑称为流体动力润滑。

油楔力的大小与液体的黏度和轴的转速有关，黏度越大，轴转速越快，油楔力越大，这是形成流体动力润滑的有利条件；而轴负荷的增加，需要更大的油楔力才能形成液体膜，这是形成流体动力润滑的不利因素。对于具体的机械，转速和负荷都是既定的因素，只有选择合适的润滑油来适应它。高速低负荷的机械，选用较低黏度的润滑油；低速高负荷的机械，需用黏度较高的润滑油。黏度、转速和负荷是决定轴承能否形成流体动力润滑的三个主要因素，三者关联起来，用轴承特性因数 C 表示：

$$C = \eta N / P \tag{3-2-1}$$

式中 C——轴承特性因数；

η——润滑油黏度，cP（$1\text{cP} = 10^{-3}\text{Pa}\cdot\text{s}$）；

N——轴承转速，r/min；

P——轴单位投影面上的负荷，kgf/cm^2（$1\text{kgf/cm}^2 = 98.067\text{kPa}$）。

实验证明：C 的数值达到 500~600 能形成流体动力润滑，大于这个数值更安全，但由于黏度太大，轴承工作效率降低，因此，实际中取 C 为 500~600 来选择合适黏度的润滑油。

第二节　发动机润滑油

发动机润滑油用于汽油机、柴油机和航空发动机等内燃机上。其工作特点是温度条件苛刻，温度高，而且不断变化；循环使用时间长，不经常换油；与空气中的氧接触；有有色金属的催化氧化作用等。

一、汽油机油

汽油机油是用在汽车发动机上的润滑油。

1. 作用

（1）润滑作用。由于发动机活塞部分运动速度很快，如气缸内径为 100mm 的汽油机，转速为 2000r/min 时，活塞运动速度可达 400m/min，摩擦大，因此，润滑油首先起到润滑、减小摩擦的作用。

（2）冷却作用。发动机高速运动产生很多热量，同时气缸内燃料的燃烧，使温度升高，通过润滑油大量的循环，起到带走热量的作用。

（3）密封作用。润滑油有一定的黏度，附在气缸与活塞缝隙处，使气缸不漏气，提高效率。

（4）清洗作用。润滑油大量循环，不断清洗掉一些固体杂质。

润滑油有润滑、冷却、密封和清洗的作用。图 3-2-2 是汽油机润滑系统示意图。

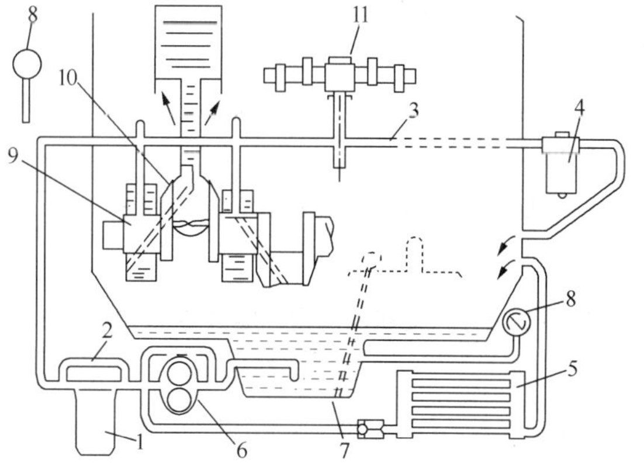

图 3-2-2　汽油机润滑系统示意图

1—粗过滤器；2—单向阀；3—总油管；4—细过滤器；5—散热器；6—润滑油泵；7—曲轴箱（底盘）；8—油压表；9—主轴承；10—连杆轴承；11—凸轮轴承

2. 使用性能

（1）良好的抗氧化安定性，使用寿命长。汽油机的工作条件苛刻，油品在高温下工作，活塞环区可达200~250℃，甚至更高，曲轴轴承为65~100℃，曲轴箱40~90℃，温度高促使油品氧化。表3-2-1为温度对某种润滑油氧化速度的影响。另外，油品与氧接触，同时还有各种氧化的催化剂，如有色金属的接触，促使氧化。汽油机油工作时间很长，最少也要行驶数千公里才换油。所以，要求润滑油有良好的抗氧化安定性，能长期使用不变质。在实际工作条件下，很难做到把氧化反应控制在初级阶段，只是希望尽量减少生成酸性物质和深度氧化产物。

表3-2-1　温度对某种润滑油氧化速度的影响

润滑油的温度/℃	每g润滑油吸收5mg氧所需时间/min	润滑油的温度/℃	每g润滑油吸收5mg氧所需时间/min
110	48000	250	23
150	180	300	0.7

（2）良好的清净分散性能。由于润滑油的氧化是不可避免的，而且不完全燃烧也产生沉淀物，因此，要求润滑油具有能够防止它们沉积在活塞，特别是活塞环区的能力，即油品具有清净性能，使氧化产物悬浮在油中，不在油箱中沉积成油泥的能力。汽车发动机在较低温度工作时，在开开停停的状态下行驶，特别容易产生低温油泥，所以，油品应具有足够的分散性，以防止低温油泥沉积。

（3）具有良好的润滑性能，黏度适当，黏温性能好。为保证汽油机在正常工作条件下的润滑和密封作用，要求润滑油有合适的黏度。在低温条件下，车辆停下来经过一段时间，发动机温度降到与环境接近的温度，在我国的寒区可达到-40℃以下，如果油品在低温时变得太黏，启动会发生困难，为此要求油品的低温流动性要好，油品的黏度不要随温度改变而变化的太大。

（4）腐蚀性小、具有中和酸性物质的能力。油品氧化后，产生有机酸，燃料中的硫氧化后，产生SO_2、SO_3，燃料中的添加剂燃烧后，会产生HCl、HBr等物质，它们都是腐蚀性很强的物质，特别是有冷却水的情况下，更容易腐蚀金属，这些物质可能窜入曲轴箱，所以，要求润滑油具有中和酸性产物和保护金属防止腐蚀的能力。

（5）具有抗磨性、抗泡沫性及低温性。汽油发动机在某些部位，如阀门系统，不能形成液体润滑，为此，润滑油应具备能形成油膜抗摩擦能力。对转速高的部位，润滑油易产生泡沫而丧失润滑作用，要求润滑油有抗泡沫能力。在低温下，要求润滑油的流动性，保证润滑油在低温下的作用，要求低温流动性能好。

汽油机油包括SC、SD、SE和SF等四个品种，表3-2-2列出了SC汽油机油国家标准（GB 11121—1995）。

表3-2-2　SC汽油机油国家标准（GB 11121—1995）

项目品种代号	质量指标SC					试验方法
黏度等级	5W/20	10W/30	15W/40	30	40	GB/T 14906
运动黏度（100℃）/（mm^2/s）	5.6~<9.3	9.3~<12.5	12.5~<16.3	9.3~<12.5	12.5~<16.3	GB/T 265
低温动力黏度/MPa·s　≯	3500（-25℃）	3500（-20℃）	3500（-15℃）			GB/T 6538
边界泵送温度/℃　≯	-30	-25	-20			GB/T 9171

续表

项目品种代号	质量指标 SC					试验方法
黏度指数 ≮				75	80	GB/T 1995
闪点(开口)/℃ ≮	200	205	215	220	225	GB/T 3536
倾点/℃ ≯	-35	-30	-23	-15	-10	GB/T 3535
泡沫性(泡沫倾向/泡沫稳定性)/(mL/mL)						GB/T 12579
24℃ ≯			25/0			
93.5℃ ≯			150/0			
后 24℃ ≯			25/0			
沉淀物/% ≯			0.01			GB/T 6531
水分/% ≯			痕迹			GB/T 260
残炭(加剂前)/%			报告			GB/T 268
酸值(加剂前)/(mgKOH/g)			报告			GB/T 7304
硫酸盐灰分/%			报告			GB/T 2433
硫/%			报告			GB/T 387
磷/%			报告			SH/T 0296
钙/%			报告			SH/T 0270
钡/%			报告			SH/T 0225
锌/%			报告			SH/T 0226
镁/%			报告			SH/T 0061

二、柴油机油

柴油机油是用在柴油机上的润滑油，其工作方式与汽油机相同，也是循环使用，在发动机中起到润滑作用、冷却作用、密封作用和清洗作用。

柴油机与汽油机的工作过程及工作条件类似，在使用性能上有许多相似之处，在此，只说明比汽油机油更要强调的使用性能。

1. 抗氧化安定性

柴油机的工作条件比汽油机更为苛刻，某些柴油机是加压送气的，叫增压柴油机，它的活塞环区温度更高，第一活塞槽可达 275~300℃，油品更易氧化，因此，要求柴油机油抗氧化安定性要好。

2. 清净分散性

柴油含杂质更多，工作条件苛刻，易产生沉积物，因此，要求柴油机油清净分散性要好。

3. 中和酸性物质的能力

柴油机的燃料，允许比汽油含更多的硫，硫燃烧后产生 SO_2 和 SO_3 酸性气体，所以，使用这样的燃料时，要求润滑油有更强的中和酸性物质的能力。

柴油机油的类型有 CC 和 CD 等，表 3-2-3 是部分 CC 柴油机油国家标准(GB 11122—1997)。

表 3-2-3　部分 CC 柴油机油国家标准(GB 11122—1997)

项目品种代号	质量指标 CC						试验方法 GB/T 7631.3
黏度等级	10W/40	15W/40	20W/40	30	40	50	GB/T 14906
运动黏度(100℃)/(mm²/s)	12.5～<16.3	12.5～<16.3	12.5～<16.3	9.3～<12.5	12.5～<16.3	16.3～<21.9	GB/T 265
低温动力黏度/MPa·s　≯	3500 (-20℃)	3500 (-15℃)	3500 (-10℃)				GB/T 6538
边界泵送温度/℃　≯	-25	-20	-15				GB/T 9171
黏度指数　≮				75	80	80	GB/T 1995
闪点(开口)/℃　≮	205	215	215	220	225	230	GB/T 3536
倾点/℃　≯	-30	-23	-18	-15	-10	-5	GB/T 3535
泡沫性(泡沫倾向/泡沫稳定性)/(mL/mL)							GB/T 12579
24℃　≯			25/0				
93.5℃　≯			150/0				
后 24℃　≯			25/0				
沉淀物/%　≯			0.01				GB/T 6531
水分/%　≯			痕迹				GB/T 260
残炭(加剂前)/%			报告				GB/T 268
酸值(加剂前)/(mgKOH/g)			报告				GB/T 7304
硫酸盐灰分/%			报告				GB/T 2433
硫/%			报告				GB/T 387
磷/%			报告				SH/T 0296
钙/%			报告				SH/T 0270
锌/%			报告				SH/T 0226
镁/%			报告				SH/T 0061
氮/%			报告				GB/T9170
轴瓦腐蚀试验							SH/T 0265
轴瓦失重/mg　≯			50				
活塞裙部漆膜评分　≮			9.0				
剪切安定性							SH/T 0265
运动黏度(100℃)/(mm²/s)	在本等级油黏度范围之内						
高温清洁性和抗磨性试验							GB/T 9932
顶环槽积炭填充体积/%　≯			45				
加权总评分　≯			140				
活塞环侧间隙损失/mm　≯			0.013				

三、涡轮喷气式航空润滑油

涡轮喷气式航空润滑油是用在喷气式发动机上的润滑油，工作方式也是循环使用，因此，其作用为润滑、冷却、密封和清洗。

喷气式发动机的工作条件更加苛刻，使用性能与其他发动机类似，更要强调说明的是：

1. 抗氧化安定性

喷气式发动机用滚珠或滚柱式轴承，其摩擦系数为0.001～0.007，摩擦不大，所以，产生的热量不大。但是，润滑油全部都在密闭的系统中工作，新润滑的部件都处在发动机内部接近灼热的部位，如后轴承与涡轮盘直接接合，传来的热可使后轴承的温度高达 240~260℃，虽然经散热器吹风冷却，温度仍保持 140~150℃，特别是停车前后，散热器效率降低或停止吹风时，后轴承温度升至 175~200℃。另外，喷气式航空发动机油箱容积很小(6~15L)，发动机转速高，润滑油在单位时间内的循环次数很大(每小时达 100 次以上)，并且在循环中与空气接触，其工作条件易使油品氧化，因此，要求航空润滑油有良好的抗氧化安定性。

2. 黏温性能及低温流动性

航空润滑油工作温度变化很大，最高达 260℃，最低达-40℃以下，而且喷气式发动机启动速度快，所以，要求润滑油具有良好的黏温性能和低温流动性。

3. 承受载荷的能力及抗腐蚀能力

航空发动机机件转速高，磨损大，形成油膜要抗载荷破坏，且具有保护金属不腐蚀的作用，因此，要求润滑油承受载荷的能力及抗腐蚀能力要强。

4. 抗泡沫能力

发动机轴的转速非常高，油品易起泡，要求航空润滑油要有抗泡沫能力，保证高空飞行时，在润滑油系统中的任何部件都不产生气泡而正常工作。

喷气式航空润滑油有 8A 和 8B 等牌号。表 3-2-4 列出了航空喷气机润滑油国家标准(GB 439—90)。

表 3-2-4　航空喷气机润滑油国家标准(GB 439—90)

项　　目		质量指标		试验方法
		8A	8B	
运动黏度/(mm^2/s)				GB/T 265
50℃	≮	8.3	8.3	
20℃	≯	30.0	30.0	
-40℃	≯	6500	3300	
运动黏度比($v_{-20℃}/v_{50℃}$)	≯	70	60	GB/T 265
酸值/(mgKOH/g)	≯	0.04	0.04	GB/T 264
氧化安定性(175℃，10h，50mL/min 空气)				SH/T 0196
氧化后沉淀物/%	≯	0.08	0.08	
氧化后酸值/(mgKOH/g)	≯	0.25	0.25	
灰分/%	≯	0.005	0.005	GB/T 508
水溶性酸或碱		无	无	GB/T 259
硫含量/%	≯	0.14	0.14	GB/T 387
机械杂质		无	无	GB/T 511
水分		无	无	GB/T 260
闪点(闭口)/℃	≮	140	140	GB/T 261
凝点/℃	≯	-55	-60	GB/T 510
氢氧化钠试验/级	≯	2	2	SH/T 0267
苯胺点/℃	≮	79	79	GB/T 262
密度(20℃)/(kg/m^3)	≯	885	885	GB/T 1884

四、稠化发动机润滑油

稠化发动机润滑油是使用低黏度润滑油为基础油和稠化剂或叫黏度添加剂，再加入抗氧、抗腐、清净分散等类型的添加剂制成。它的凝点低，易启动；黏温性能好，即在低温下黏度较小，同时在高温下又有足够的黏度，能达到发动机正常工作的要求；使用范围宽，选用不同牌号的稠化机油，可使用在不同的发动机上。

第三节　机　械　油

机械油分专用机械油(如精密机床导轨油、主轴油等)和通用机械油，这里只讨论通用机械油，它的作用是润滑机床和各种机械。

通用机械油一般在100℃以下使用，通常工作温度为50～60℃，很少与水蒸气、热空气或其他气体接触，多在室内工作，环境温度变化不大，且多数是滴油式润滑，一次通过机件。因此，通用机械油使用性能主要要求：黏度适宜；机械杂质或水溶性酸或碱符合要求。

我国机械油按40℃运动黏度分为5#、7#、10#、15#、22#、32#、46#、68#、100#、150#等十个牌号。不同牌号润滑油的选择主要根据机械的转速和负荷，高速、低负荷机械选低牌号的润滑油；低速、高负荷机械选高牌号的润滑油。如5#、7#称高速机械油，主要用在纺织工业上，润滑纱锭，也用来润滑高速机床等。10#以后的为一般通用机械油。表3-2-5列出了L-AN全损耗系统用油国家标准(GB 443—89)。

表3-2-5　L-AN全损耗系统用油国家标准(GB 443—89)

项目品种	质量指标 L-AN										试验方法
黏度等级	5	7	10	15	22	32	46	68	100	105	GB 3141
运动黏度(40℃)/(mm^2/s)	4.14～5.06	6.12～7.48	9.00～11.00	13.5～16.5	19.8～24.2	28.8～35.2	41.4～50.6	61.2～74.8	90.0～110	135～165	GB/T 265
倾点/℃ ≯					-5						GB/T 3535
水溶性酸或碱					无						GB/T 259
中和值/(mgKOH/g)					报告						GB/T 4945
机械杂质/% ≯		无		0.005	0.005			0.007			GB/T 511
水分/% ≯					痕迹						GB/T 260
闪点(开口)/℃ ≮	80	110	130		150		160	160	180	180	GB/T 3536
腐蚀(铜,100℃,3h)/级 ≯					1						GB/T 5096
色度/号 ≯		2			2.5			报告			GB/T 6540

第四节　电 器 用 油

电器用油不作润滑油使用，其馏分与润滑油相当，主要作为绝缘介质，有些品种如变压器油，还有导出热量的作用。电器用油包括变压器油、电缆油、电容器油等，下面只讨论变压器油。

变压器油可使线圈和线圈之间、线圈和箱壁之间绝缘，不发生短路和电弧，同时进行自然对流，将热量导出，不使变压器温度过高。其使用性能如下。

(1) 电器性能。电器性能指变压器油的绝缘性能，指标有击穿强度和介电损失角正切。

击穿强度指一定厚度的油层所能承受的最大电压，kV/cm。超过这个电压，油将变成导体，一般为60～150kV/cm，变压器油可达120kV/cm。如果储存不当，使油中含有水分，会使击穿强度大大下降，以致不符合要求，因此，要求储运过程不能使油中混入水分等杂质。表 3-2-6 是电器用油含水量对击穿强度的影响。

表 3-2-6 电器用油含水量对击穿强度的影响

含水量/%	0	0.005	0.01	0.02	0.03	0.05	0.1
击穿电压/kV	70	31	22	16	14	12.5	10

介电损失角正切是衡量介质(变压器油)在交变电场中，因介质中某些分子的扭动和位移所引起的电流损失，损失的电流转变为热能导致油温的升高。其值越大，电流损失就越多，电器性能越差。

(2) 氧化安定性。变压器油正常工作的温度是 60~80℃，它的油层较厚，空气不易扩散到油的内部，氧化的条件比较缓和。但是，变压器特别是大型变压器不能轻易换油，它要连续工作若干年，因此，要求变压器油要有良好的抗氧化安定性，通常这种油是仔细精制后的基础油加高效抗氧化剂制成。

(3) 低温流动性。变压器油要求有较好的流动性，以保证自然对流，导出热量，在低温下也要有较好的流动性。

(4) 安全性能。变压器油要求有一定高的闪点，以保证变压器安全运行。

按低温性能凝点分为 10#、25#和 45#等三个牌号，如 10#变压器油用于气温不低于-10℃的地区，25#和 45#变压器油用于气温不低于-25℃和-45℃的地区。表 3-2-7 是变压器油国家标准(GB 2536—90)。

表 3-2-7 变压器油国家标准(GB 2536—90)

项 目 牌 号		质量指标			试验方法
		10	25	45	
外观		透明，无悬浮物和机械杂质			目测
密度(20℃)/(kg/m³)	≯		895		GB/T 1884
运动黏度/(mm²/s)					GB/T 265
40℃	≯	13	13	11	
-10℃	≯		200		
-30℃	≯			1800	
倾点/℃	≯	-7	-22	报告	GB/T 3535
凝点/℃	≯			-45	GB/T 510
闪点(闭口)/℃	≮	140	140	135	GB/T 261
酸值/(mgKOH/g)	≯		0.03		GB/T 264
腐蚀性硫			非腐蚀性		SH/T 0304
氧化安定性					SH/T 0206
氧化后酸值/(mgKOH/g)	≯		0.2		
氧化后沉淀/%	≯		0.05		
水溶性酸或碱			无		GB/T 259
击穿电压(间距 2.5mm 交货时)/kV	≮		35		GB/T 507
介质损耗因数(90℃)	≯	0.05	0.05	0.05	GB/T 5654
界面张力/(mN/m)	≮	40	40	38	GB/T 5641
水分/(mg/kg)			报告		SH/T 0207

第五节　专用润滑油

一、透平油

透平油是用于汽轮发电机组和大、中型水轮发电机组的润滑油，在循环系统和调速系统起润滑、冷却和调速作用。对透平油要强调说明的使用性能如下。

1. 抗氧化安定性

透平油多半是进行循环润滑，循环的次数较多(每小时约6~10次)；由于透平机的运转时间长，油的用量大，为了节省油料，减少清洗透平循环系统的工作量，一般要求透平油使用期在2年以上，有的要求8~10年不换油，只补充一些新油。因此，要求透平油有良好的抗氧化安定性。

2. 脱乳化的能力

由于透平油使用过程中，蒸汽和冷凝水经常会漏入轴承，结果使透平油与水混合形成乳化液而丧失润滑能力。所以，要求透平油有较强的脱乳化能力。

透平油按40℃运动黏度中心值分为32、46、68和100等四个牌号。其部分质量要求见表3-2-8部分L-TSA汽轮机油国家标准(GB 11120—89)。

表3-2-8　部分L-TSA汽轮机油国家标准(GB 11120—89)

项　　目		一级品质量指标				试验方法
黏度等级		32	46	68	100	GB/T 3141
运动黏度(40℃)/(mm^2/s)		28.8~35.2	41.4~50.6	61.2~74.8	90.0~110.0	GB/T 265
黏度指数	≮		90			GB/T 1995
倾点/℃	≯		-7			GB/T 3535
闪点(开口)/℃	≮	180	180	195	195	GB/T 3536
密度(20℃)/(kg/m^3)			报告			GB/T 1884
酸值/(mgKOH/g)	≯					GB/T 264
中和值/(mgKOH/g)	≯		报告			GB/T 4945
机械杂质			无			GB/T 511
水分			无			GB/T 260
破乳化值(40-37-3)/mL						GB/T 7305
54℃/min	≯	15	15	30	—	
82℃/min	≯				30	
起泡性试验/(mL/mL)						GB/T 12579
24℃	≯		450/0			
93℃	≯		100/0			
后24℃	≯		450/0			
氧化安定性						
总氧化产物/%			报告			SH/T 0124
沉淀物/%			报告			
氧化后酸值达2.0mgKOH/g时/h	≮	2000	2000	1500	1500	GB/T 12581
液相锈蚀试验(合成海水)			无锈			GB/T 11143
铜片试验(100℃，3h)/级	≯		1			GB/T 5096
空气释放值(50℃)/min	≯	5	6	8	10	SH/T 0308

二、汽缸油

汽缸油用于蒸汽机，润滑同蒸汽直接接触的摩擦部件。根据所接触蒸汽的性质，汽缸油分为两类：一类是同饱和蒸汽或者具有较高温度蒸汽接触的饱和汽缸油；另一类是同过热蒸汽接触的过热汽缸油。下面就不同汽缸油各自的特点，说明对其强调的使用性能。

饱和汽缸油工作压力一般在 15 个大气压下，饱和蒸气的温度不超过 200℃，这种蒸气常带有 5%~15%的水分，当工作时，由于膨胀和冷缩的关系，会生成一些冷凝水，由于水的冲刷作用，很容易把汽缸壁和活塞环上的润滑油洗去，造成机械磨损。因此，对饱和汽缸油要特别强调的使用性能是要求其对金属有较高的附着能力。一般可在汽缸油中加入 10%以上的动植物油脂或脂肪酸酯，这样在有水存在时就可形成乳化油，使附着金属的能力加强，减少油的耗量。

过热汽缸油与饱和汽缸油不同，在其中不存在任何水的微粒，工作时也不生成冷凝水，温度常在 300℃以上。所以，对过热汽缸油要强调的使用性能要求是黏度高、闪点高、残炭低等，以减少油的蒸发损失和积炭的生成，表 3-2-9 蒸汽汽缸油质量标准(GB/T 447—94)。

表 3-2-9　蒸汽汽缸油质量标准(GB/T 447—94)

项目品种		质量指标				试验方法
		矿油型		合成型		
黏度等级		680	1000	1500	1500	
运动黏度(40℃)/(mm^2/s)	≯	748	1100	1650	1650	GB/T 11137
运动黏度(100℃)/(mm^2/s)		20~30	30~40	40~50	60~72	GB/T 265
黏度指数	≮				110	GB/T 2541
闪点(开口)/℃	≮	240	260	280	320	GB/T 3536
倾点/℃	≯	18	20	22		GB/T 3535
残炭/%	≯	2.0	2.5	3.0	3.8	GB/T 268
灰分/%	≯		0.03			GB/T 508
机械杂质/%	≯		0.03			GB/T 511
沥青质含量/%	≯		0.13			SH/T 0266
水分/%	≯		0.05			GB/T 260
水溶性酸或碱			无			GB/T 259

三、压缩机油

压缩机是收集、分离或输送气体的专用机械，也是石油和化工厂矿的常用设备。气体经压缩后，其温度随之升高，表 3-2-10 为空气压缩机压缩终了压力与终了温度的关系。压缩机油用来润滑压缩机和鼓风机的气缸、气门，密封活塞及润滑旋转式压缩机。

表 3-2-10　空气压缩机压缩终了压力与终了温度的关系

15℃常压空气被压缩后压力/Pa	3.5×10^5	7.0×10^5	14×10^5
压缩终了空气温度/℃	177	260	330

压缩机油在工作过程中，直接同高温的空气接触，温度可达到 200~250℃，在这样高的温度下，分布在金属表面的油层容易氧化。因此，对压缩机油要特别强调的使用性能是抗氧化安定性好；适当的黏度，对于高压多级压缩机，压力在$(180\sim225)\times10^5$Pa 以上的，比一

般压缩机要具有更高的黏度，更好的抗氧化安定性；相当高的闪点，通常要求其闪点比压缩时所产生的最高温度高出 40℃，以减少蒸发。表 3-2-11 是空气压缩机油国家标准(GB 12691—90)。

表 3-2-11　空气压缩机油国家标准(GB 12691—90)

项目品种	质量指标										试验方法
	L-DAA					L-DAB					
黏度等级	32	46	68	100	150	32	46	68	100	150	GB/T 3141
运动黏度/(mm^2/s^{-1})											GB/T 265
40℃	28.28~35.2	41.6~50.6	61.2~74.8	90.0~110	135~165	28.28~35.2	41.6~50.6	61.2~74.8	90.0~110	135~165	
100℃	报告					报告					
倾点/℃　≯		-9			-3		-9			-3	GB/T3535
闪点(开口)/℃　≮	175	185	195	205	215	175	185	195	205	215	GB/T 3536
腐蚀试验(铜片, 100℃, 3h)/级　≯			1					1			GB/T 5096
抗乳化性(40-37-3)/min											GB/T 7305
54℃　≯			—				30		—		
82℃　≯			—				—		30		
液相锈蚀试验(蒸馏水)			—					无锈			GB/T 11143
硫酸盐灰分/%			—					报告			GB/T 2433
老化特性											SH/T 0192
200℃,空气蒸发损失/%　≯			15					—			
康氏残炭增值/%　≯		1.5		2.0				—			
200℃,空气,三氧化二铁											
蒸发损失/%　≯			—					20			
康氏残炭增值/%　≯			—			2.5			3.0		
减压蒸馏蒸出 80% 后残留物性质											GB/T 9168
残留物康氏残炭/%　≯			—				0.3			0.6	GB/T 268
新旧油 40℃运动黏度之比　≯			—					5			GB/T 265
酸值/(mgKOH/g)											GB/T 4945
未加剂	报告					报告					
加剂后	报告					报告					
水溶性酸或碱	无					无					GB/T 259
水分/%　≯	痕迹					痕迹					GB/T 260
机械杂质/%　≯	0.01					0.01					GB/T 511

第三章 润 滑 脂

润滑脂或叫“黄油”，常温常压下为半固态油性软膏状，起润滑作用，属润滑用油类。与液体润滑油比较，其优点为：①耐压性强。在金属表面有较强的附着力，形成牢固的油膜，能承受很大的压力，一般使用在高负荷和摩擦部位比较粗糙的机械，如推土机、轧钢机等。②缓冲性能好。常用于往复运动的机械，当机械的运动方向、运动速度或负荷发生改变，产生冲力和震动，能起到缓冲的作用，减弱冲击和震动。③不易流失。用于垂直表面或不密封的部位，能保证足够厚度。④密封性能和防护性能好。能防水、灰尘、杂质和腐蚀物进入摩擦表面，保持清洁，防止锈蚀。⑤黏温性能好。黏度受温度变化的影响比润滑油小，适用于运动速度和温度变化幅度较大情况下的润滑。但是，其缺点如下：①润滑脂没有流动性，导热系数小。因而不能进行循环润滑，也没有冷却和清洗的作用，不能代替润滑油在发动机、电器及一般机械中使用。②摩擦阻力较润滑油大，影响机械效率。③抗氧化安定性不如润滑油好。④更换比较麻烦。更换时需要停机或拆卸机件，影响工作。

由于润滑脂的特点，它常应用在：①因结构或工作条件不能使用润滑油的机械设备或部位。如负荷大、转速低或温度高等条件下工作的轴承，在大压力和离心力的作用下，润滑油难以保证必要的润滑，则用润滑脂；还有一些不能及时有规律地向摩擦部位加油的设备或开放式润滑的部件，可采用润滑脂。②工作环境潮湿，水和灰尘较多，难以密封的机械，同酸性或其他腐蚀性气体接触的机械。③时开、时停间歇式工作或转速经常变化的机械。由于不同转速要求不同黏度的润滑剂，润滑油难以在这种情况下形成良好的油膜，润滑脂可以。④长期转动，不便于经常添加或更换润滑剂的摩擦部位。如密封的滚珠轴承、高速电机、自动装置、远距离遥控仪器等，润滑脂可以不流失地长期使用。

第一节 润滑脂的结构特点及组成

一、润滑脂的结构特点

以皂基润滑脂为例，用脂肪酸金属皂类作为稠化剂的润滑脂，稠化剂分散在润滑油中，成为一个均匀的体系。此时，皂分子聚结成皂纤维或皂胶团，皂纤维相互吸引，交织连成一个三维空间的网状结构骨架，润滑油部分被吸附在纤维表面，部分渗入皂纤维，使其膨化，大部分润滑油被包围在结构骨架中，失去流动性，成为半固态软膏。

其中皂纤维是由皂分子相互吸引聚结而成。皂分子有一个极性端(羧基端)和一个非极性端(烃基端)。分子的极性端彼此吸引，连成皂纤维，其越长、越细，稠化力越强，一般为0.1~100μm，见图3-3-1皂纤维示意图。带烃基的非极性端朝向纤维外侧表面，具有亲油性，吸附润滑油分子，形成均匀的软膏状物质。

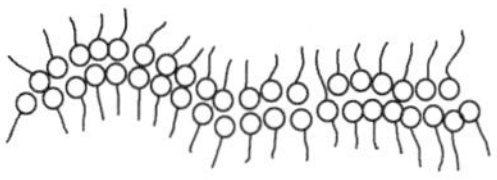

图3-3-1 皂纤维示意图

如果润滑脂所受外力大于稠化剂皂纤维分子间的引力，纤维网的骨架被拉开，结构骨架被破坏，则润滑油从骨架中流出，半固态软膏变得有一定流动性。宏观上看，润滑脂的黏度变小，机械设备克服摩擦阻力的动力消耗减少，当外力逐渐增大时，稠化剂网状结构被破坏程度增加，其流动性也逐渐增大，当外力增大到一定程度后，润滑脂中稠化剂的网状结构被全部拉开，并被拉成与流动方向平行排列，此时黏度下降到近似等于润滑油的黏度。当外力逐渐减小或外力消失时，稠化剂纤维由于热运动或借助机械搅拌作用，使已分开的纤维碎片互相接近，当达到分子引力作用范围时，碎片又会连接起来，重新形成网状结构骨架，使润滑脂恢复半固态油性软膏状态，重新失去流动性。润滑脂的黏度随外力增加而减小，在重力下起到润滑的作用；黏度随外力减小而增大，起到密封作用，在金属外表面具有保护金属的作用。

温度升高，分子热运动加剧，当温度升高到稠化剂极性端因热运动而彼此分开时，皂分子以无规则的分子状态均匀分布在润滑油中，此时润滑脂的黏度减小到近似于润滑油，温度进一步升高，润滑脂黏度变化规律与润滑油相同。温度逐渐降低，稠化剂分子的热运动减弱，其极性端在引力的作用下定向排列，当温度进一步降低时，稠化剂分子逐渐恢复形成网状结构骨架，使润滑脂恢复成半固态软膏状。

二、润滑脂的组成

润滑脂由润滑油加入稠化剂、稳定剂及其他添加剂构成。

1. 润滑油

润滑油是润滑脂的主要成分，含量为 80%~90%。用于低温、轻负荷、高转速机械的润滑脂，选用黏度小、黏温性好、凝点低的润滑油来制作润滑脂；用于中等温度、中等负荷、中速机械的润滑脂，选用不同牌号的机械油；对于高温、高负荷机械用润滑脂，应选用重质润滑油。

润滑油的性质对润滑脂性质有一定的影响。黏度大的润滑油，稠化剂在润滑油中扩散的慢，使润滑油的稠度变小，容易析出润滑油；润滑油馏分过轻，润滑脂中的轻组分易蒸发，造成损失或黏度降低；黏度大或凝点高的润滑油，则润滑脂的低温性能差，在低温下使用，机械不易启动；润滑油的黏温性能好，润滑脂的黏温性能也相应的好，使用温度范围宽。

2. 稠化剂

稠化剂一般占润滑脂的 10%~30%，它使润滑油稠化变为软膏状的润滑脂。稠化剂分为脂肪酸金属皂类和非皂类，脂肪酸金属皂类有钠皂、钙皂、锂皂、铝皂和钡皂等，它们是由动植物油脂与相应的碱反应得到的；非皂类稠化剂有烃基稠化剂、有机稠化剂和无机稠化剂等。如果润滑脂中稠化剂含量多，润滑脂比较硬；反之，含量少则较软。

3. 稳定剂

稳定剂或叫胶溶剂或结构改善剂。稳定剂能和皂类结合，使润滑油对脂肪酸皂类的结合能力增大，起到使润滑油和脂肪酸皂结合稳定的作用。常用的有水、甘油和低分子有机酸的盐类，不同脂肪酸皂的稳定剂不同，钙基润滑脂的稳定剂是水，钠基润滑脂的稳定剂是甘油。润滑脂失去稳定剂，会出现润滑油和稠化剂分离的现象，叫油皂分离，如钙基润滑脂受热脱水，使油皂分离。

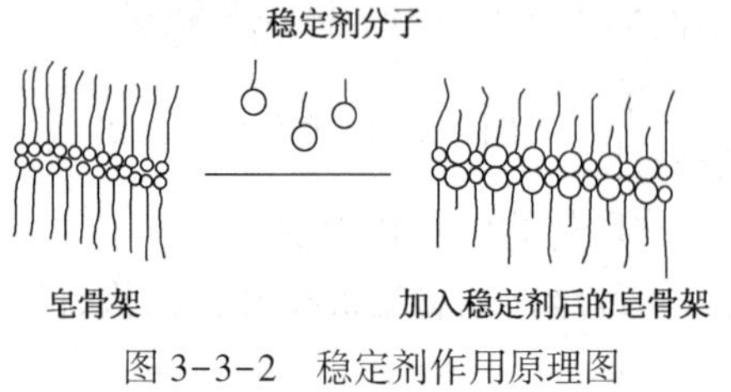

图 3-3-2　稳定剂作用原理图

稳定剂是极性化合物，含—OH、—NH_2、—COOH 等极性基团，容易吸附在皂分子的极性端之间，使皂分子排列的间隔增大，如图 3-3-2 稳定剂作用原理图，增加了皂分子对润滑油的吸附能力，从而增大了皂纤维的稠化能力。

4. 其他添加剂

为了改善润滑脂的使用性能，常加入抗氧剂、抗磨剂、防锈剂和拉丝性增强剂等，以使润滑脂合格。

第二节　润滑脂的使用性能

一、锥入度

锥入度是衡量润滑脂耐剪切的性能。润滑脂受到外界压力时，在不失去半固态结构状态的情况下，单位面积上所能承受的最大压力叫剪力极限，g/cm^2。当剪力极限太小时，润滑脂单位面积上所能承受的压力小，在使用中，其中的润滑油容易流失；当剪力极限太大时，单位面积上所能承受的压力大，在使用中，由于润滑油难以流出皂纤维，机械在运动中产生的阻力大，动力消耗大，特别是设备启动时，不易启动。所以，润滑脂要有一定的剪力极限，或对不同的使用选择不同剪力极限的润滑脂。

润滑脂耐剪切的性能用锥入度来表示，即在规定的仪器中，温度 25℃，测定 150g 重的金属圆锥体 5s 内靠自重刺入润滑脂的深度(1/10mm，GB/T 269)。润滑脂的锥入度大，剪力极限小，单位面积承受的压力小；锥入度小，剪力极限大，单位面积承受的压力大。对负荷大的机械，选用锥入度小的润滑脂，以防止润滑脂中的润滑油因不能承受大的负荷而被挤出；如果负荷小，选用锥入度大的润滑脂，可以减少润滑脂所引起的内摩擦阻力，提高效率。润滑脂的锥入度大致为 200～300(1/10mm)，最大为 350(1/10mm)，当大于 400(1/10mm)时，即为流体。

润滑脂锥入度的大小，主要取决于稠化剂的量。稠化剂含量少，锥入度大；稠化剂含量多，润滑脂被皂纤维吸附的越牢固，锥入度小。锥入度随温度而变化，温度升高，分子热运动加大，锥入度增大；温度降低，锥入度变小。一般润滑脂随放置时间的延长，稠化剂及稳定剂在润滑油中的分散度加大，会由软变硬。但下面情况，会使润滑脂变软：因机械设备剧烈作用，破坏了皂纤维网状结构骨架，不能全部恢复；受水和潮气的作用，皂类被溶解，破坏了皂纤维网状结构骨架；皂类被氧化，失去稠化能力。因此，在储存和使用中要注要避免润滑脂变软，引起油皂分离，破坏润滑脂质量。

二、滴点

滴点是衡量润滑脂耐热性能的指标。润滑脂随温度的升高变软，当温度达到一定时，稠化剂的网状结构被破坏，使润滑脂中的润滑油流失，润滑脂不能附着在金属表面，从摩擦表面失去，使机械产生摩擦。

滴点是润滑脂在一定条件下加热，试样从脂杯中滴下第一滴流体或流出 25mm 油柱时的温度(GB/T 4929)。滴点是润滑脂工作温度的最高极限，超过这一温度，即变为流体。一般选用润滑脂时，要求滴点高于工作温度 15～20℃是可靠的。

润滑脂的滴点与稠化剂的类型和量有关。润滑脂的类型不同，滴点不同，见表 3-3-1 各种润滑脂的滴点范围，表 3-3-2 为钙基润滑脂含稠化剂量与滴点的关系。另外，润滑脂长期放置，由于氧化及结构的变化，使滴点下降。

表 3-3-1　各种润滑脂的滴点范围

润滑脂类别	合酰胺钠基	锂　基	钠　基	钙钠基	钙　基	烃基(工业凡士林)
滴点范围/℃	>200	170~180	140~160	120~150	75~95	55~60

表 3-3-2　钙基润滑脂含稠化剂量与滴点的关系

牌　号	ZG-1	ZG-2	ZG-3	ZG-4	ZG-5
含稠化剂量/%	9~14	12~17	14~20	17~24	19~26
滴点/℃ ≮	75	80	85	90	95

三、耐水性

耐水性是衡量润滑脂是否被水解或乳化的性能。润滑脂在有水存在时，在潮湿环境下工作，可能被水溶解或乳化。

耐水性能主要由润滑脂中的稠化剂决定。烃基稠化剂的耐水性最好，因为，以固体烃作为稠化剂，没有极性基，不与水吸附，凡士林是烃基润滑脂，常作保护性用脂；皂类稠化剂，钠皂耐水性最差，最易水解，因有活泼的钠离子存在，所以，钠基润滑脂易吸水，被水溶解，变为乳化液，其他皂类润滑脂耐水性比钠基脂强。

鉴定耐水性是取少量润滑脂加水揉搓，如果乳化变稀或颜色发白，则耐水性差；如果润滑脂与水不相溶，水呈水珠状，则耐水性较好。

四、胶体安定性

胶体安定性是衡量润滑油和稠化剂结合稳定性的指标。如果长期储存或使用，在温度、压力的影响下，润滑脂中的润滑油不易分出，则胶体安定性好；如果油皂容易分离，则胶体安定性差。

分油量是胶体安定性的指标，在特定的加压分油器中，规定条件下，从润滑脂中压出的润滑油占润滑脂的质量分数为分油量(GB/T 392)。分油量越大的润滑脂，胶体安定性越差。

分油量与稠化剂的量有关，稠化剂的量越少，胶体安定性越差；与润滑油黏度及含碱量有关，黏度越小，含碱量越多的润滑脂，胶体安定性越差。烃基润滑脂的胶体安定性最好。外界条件有影响，温度高易产生油皂分离；压力大，如包装容积大，底部的润滑脂受压，皂类网状骨架被破坏，产生油皂分离。

五、安定性

安定性指抗氧化安定性。润滑脂与空气接触，在氧的作用下，润滑油及稠化剂会氧化变质，生成低分子有机酸，造成金属腐蚀。皂基润滑脂易氧化，因为皂分子中含金属，起催化氧化的作用。外界条件，如高温、与空气接触及有金属存在的条件下，润滑脂易氧化，所以，在储存及使用中要注意妥善保管。

六、保护性能

保护性能是指保护金属不受腐蚀的性能。保护性能好的润滑脂，对金属的附着力强，并能保持一定厚度的油膜；本身不含水，耐水性好；本身没有腐蚀性，也不产生腐蚀性物质。烃基润滑脂比皂基润滑脂的保护性能好，因为烃基脂的胶体安定性好，不产生油皂分离，附着能力强，耐水性好，本身氧化安定性好，腐蚀性小。

保护性能的衡量指标有：①腐蚀：采用不同金属片(钢片、铜片、黄铜片、铝片等)，涂上润滑脂，在规定的温度和时间下，观察是否变色或产生斑点。②游离有机酸：在生产润滑脂时，稠化剂反应中有有机酸存在，润滑油中也有天然的有机酸，要求皂基润滑脂不含游离有机酸，烃基润滑脂只允许含少量有机酸。③游离碱：生产润滑脂需要碱，但成品润滑脂中含有游离碱会腐蚀金属或破坏润滑脂的性质，使皂结成硬块，不能成脂。要限制游离碱的含量小于0.2%。

第三节　润滑脂的质量标准

根据稠化剂的组成不同，润滑脂分为皂基脂、烃基脂、无机脂和有机脂等四类。其中皂基脂又分为单一皂基脂、混合皂基脂和复合皂基脂等小类。每小类按用途不同分为高温、低温或工业、铁道、船用、密封、航空、军械和仪表等若干等级。

对于同类、同级的润滑脂，按25℃锥入度范围排成系列号，表3-3-3给出了按锥入度划分的系列号，表3-3-4列出了钙基润滑脂的国家标准(GB/T 491—87)。

表3-3-3　按锥入度划分的系列号

系列号	0	1	2	3	4	5	6	7	8	9
锥入度值/(1/10mm)	355/385	310/340	265/295	220/250	175/205	130/160	85/115	60/80	35/55	10/30

表3-3-4　钙基润滑脂国家标准(GB/T 491—87)

项　目	质量指标				试验方法
	1#	2#	3#	4#	
外观	淡黄色至暗褐色均匀油膏				目测
工作锥入度/(1/10mm)	310~340	265~295	220~250	175~205	GB/T 269
滴点/℃　≮	80	85	90	95	GB/T 4929
腐蚀(T2铜片，室温，24h)	铜片无绿色或黑色变化				GB/T 7326乙法
水分/%　≯	1.5	2.0	2.5	3.0	GB/T 512
灰分/%　≯	3.0	3.5	4.0	4.5	SH/T 0327
钢网分油量(60℃，24h)/%　≯	—	12	8	6	SH/T 0324
延长工作锥入度，1万次与工作锥入度差值/(1/10mm)　≯	—	30	35	40	GB/T 269
水淋流失量(38℃，1h)/%　≯	—	10	10	10	SH/T 0109
矿物油黏度(40℃)/(mm^2/s)	28.8~74.8				GB/T 265

第四章 石油添加剂

石油添加剂是一类油溶性化合物，加入油品中进行复杂的化学反应，只需加入微量，百分之几到百万分之几，就能显著改善油品的一种或几种使用性能。生产石油产品，要加入添加剂，以达到规格要求；利用添加剂，可以使不合格的废油重新得到利用，减少油品的消耗量。所以，在石油化工行业，许多科研人员都在努力研究更新，以得到效果更好的添加剂。

第一节 石油添加剂的类别

根据作用的不同，添加剂有各种类型，如清净分散剂、抗氧抗腐剂、抗磨剂、油性剂、抗氧防胶剂、增黏剂、防锈剂、降凝剂、抗泡沫剂、抗爆剂、金属钝化剂、防冰剂等。表 3-4-1 为石油添加剂的分组、代号、作用和参考加入量。

表 3-4-1 石油添加剂的分组、代号、作用和参考加入量

组 别	代 号	作 用	参考加入量
清静剂和分散剂	T1××	抑制高温下生成沉积物；将已生成的沉积物分散在油中；中和酸性物质	1%~10%
抗氧抗腐剂	T2××	抗氧化；抗腐蚀；降低摩擦，减少磨损	0.2%~5%
极压抗磨剂	T3××	在金属表面生成塑性化合物，减少磨损	5%~10%
油性剂和摩擦改进剂	T4××	形成油膜，减少摩擦和磨损	1%~10%
抗氧剂和金属减活剂	T5××	抗氧化，防止胶质生成	0.005%~2%
黏度指数改进剂	T6××	提高黏度指数，增大黏度	0.5%~20%
防锈剂	T7××	形成防护膜，防止金属表面锈蚀	0.05%~5%
降凝剂	T8××	降低凝点	0.05%~1%
抗泡沫剂	T9××	抑制气泡生成；破坏已生成的气泡	1~700ppm
抗爆剂	T11××	提高汽油辛烷值	$<1.0g\ kg^{-1}$
金属钝化剂	T12××	抑制金属对油品氧化的催化作用	1~5ppm
防冰剂	T13××	降低冰点	0.2%~0.3%

石油添加剂的代号如：T101，其中 T 为类(石油添加剂)，1 为组别是清静剂和分散剂，01 为牌号。附表 5 列出了石油添加剂的分类。

加入添加剂，要根据油品的特点及需要，如原油性质、加工方法、精制深度、产品性质及应用目的等来考虑加入添加剂的种类及加入的数量，还要考虑添加剂的组成、作用大小、成本等。表 3-4-2 列出了各种燃料和润滑油所用添加剂的类别，可作参考。

表 3-4-2 各种燃料和润滑油所用添加剂的类别

添加剂	清静分散剂	抗氧抗腐剂	抗磨剂	油性剂	抗氧防胶剂	增黏剂	防锈剂	降凝剂	抗泡剂	金属钝化剂	防冰剂	抗爆剂	十六烷值改进剂	抗静电剂
车用汽油					○					○		△		
航空汽油		○			○					○	○	○		○
喷气燃料				△	○					○	○			○
轻柴油		○			○			△		△			△	

续表

添加剂	清静分散剂	抗氧抗腐剂	抗磨剂	油性剂	抗氧防胶剂	增黏剂	防锈剂	降凝剂	抗泡剂	金属钝化剂	防冰剂	抗爆剂	十六烷值改进剂	抗静电剂
机械油					△		△	△	△					
发动机润滑油	○	○		○		△	○	△	○					
压缩机油	△	○	△	△					△					
汽轮机油			△		○		△	△	△					
冷冻机油		△		△	○	△		○	△					
仪表油					○									
车轴油								○						
馏分型齿轮油			○	○			○	△	○					
工业齿轮油		○	○	○			○		○					
双曲线齿轮油		○	○	○		△	○	△	○					
液压油			△	○	○	△	○	△	○					
导轨油			△	○	○		○		○					
汽缸油								△						
电气用油					△									
13#机械油					△			○						

注：○表示通常都加入，△表示有时加入或有的牌号油加入。

石油添加剂应具备以下性能：①添加数量不多而效果显著；②副作用小，对其他添加剂的作用和油品的其他性质没有破坏作用；③能溶于油品而不溶于水，遇水不乳化，不水解；④与油品使用条件相适应的热安定性；⑤容易得到且价格低廉。

第二节　燃料油添加剂

燃料添加剂是用于改善燃料油的使用性能。

一、抗爆剂

抗爆剂的作用是分解烃类氧化链反应中生成的过氧化合物，提高汽油的自燃点，防止汽油机爆震。过去最常用的是乙基液，主要成分为四乙基铅，汽油中加铅有毒，排放出的废气污染大气，已禁止使用。现在加入毒性较小的高辛烷值掺合剂，提高汽油的辛烷值，正在发展的乙醇调合汽油，效果很好。

二、十六烷值改进剂

十六烷值改进剂是提高柴油抗爆性的添加剂。它促进燃料的氧化，缩短着火落后期，减轻了柴油机爆震。如硝酸戊酯和 2，2-二硝基丙烷等。但加入这种添加剂的柴油，经长期储存，会使添加剂产生沉淀而失效。

三、助燃剂

助燃剂是改善喷气燃料燃烧性能的添加剂。它可以增大燃烧速度，使火焰稳定、燃烧完全、提高发动机的功率。若喷气燃料中含有芳香烃，可以加入有机过氧化物类等，使燃烧完全，减少积炭。

四、抗氧防胶剂

抗氧防胶剂用来抑制液体燃料在储存和使用中氧化生成酸性物质和胶质，破坏自由基的形成，使油品不易氧化。如用于汽油的2，6-二叔丁基对甲酚，用于喷气燃料的十五烷基胺，用于柴油的2，6-二叔丁基胺基对甲酚等。加入抗氧防胶剂后，油品的抗氧化效能很高，见表3-4-3抗氧防胶剂对油品抗氧化性能的影响实验数据可以看出。

表3-4-3　抗氧防胶剂对油品抗氧化性能的影响

添加剂名称	添加剂用量/%	每100mL汽油中实际胶质/mg		
		储存开始时	储存四月后	储存六月后
不加添加剂	0	2~3	37	75
β-萘酚	0.01	2~3	9	36
木焦油馏分	0.065	2~3	3	4
苯基-对氨基酚	0.007	2~3	4	4

五、金属钝化剂

金属是促进氧化的催化剂，油品与金属接触，会加速其氧化。金属钝化剂是使金属与空气隔开，在金属表面与金属离子生成螯合物，使金属处于一种不活泼的钝化状态。如*N*，*N'*-二亚水杨酸1，2-丙二胺，用甲苯配制成80%浓度的溶液等。金属钝化剂与抗氧防胶剂结合使用效果更佳，如在炎热地区，加入抗氧防胶剂而没加入金属钝化剂的汽油，一个月后变质；加入金属钝化剂后，可储存十二个月。

六、清净分散剂

因为油品中或多或少含有一些杂质，如氧、氮、硫等，长期储存会生成胶质等一些沉淀，再与燃料、油泥和水混合在一起，产生沉淀和油泥的水乳状液。为了防止沉淀的产生，可以靠精制加工除去油中的杂质；也可以加入清净分散剂来防止沉淀的生成或使沉淀分散开，而不沉淀在容器或发动机零件上。如用于柴油中的甲基丙烯酸十二烷基酯(80%)与二乙基胺基甲基丙烯酸乙基醇(20%)混合液。

七、表面燃烧防止剂

表面燃烧防止剂主要用于加抗爆剂的汽油或芳香烃含量高的汽油中，对于这种汽油容易产生沉淀和积炭，会导致发动机局部过热或烧坏，而且破坏正常的燃烧。加入表面燃烧防止剂后，能提高燃料的燃烧完全程度，减少积炭的生成，具有分散和清净作用，能使积炭变松，容易从燃烧室中排除。常用的表面燃烧防止剂主要是含磷或含硼的一些有机化合物，如用于高辛烷值汽油中的三甲基磷酸酯。

八、防冰剂

防冰剂可以提高燃料的低温流动性，特别是喷气燃料，如果在低温下析出冰晶体就会堵塞滤网，使供油中断而发生危险。防冰剂可与水生成低冰点溶液，此溶液溶于燃料，以使冰点降低，如醇类和水溶性酰胺类。另一种防冰剂能吸附在金属表面，阻止冰晶体粘附在金属表面上，防止冰晶长大，使发动机正常工作，如琥珀酸亚胺、磷酸醇盐等。常用的防冰剂有二乙二醇甲醚、二乙二醇乙醚等，效果比较好。对喷气燃料，一般在飞机临用前加入，若加早了，由于油品吸水，形成水层，把防冰剂萃取出来，使防冰剂效果降低。

九、防腐蚀剂

防腐蚀剂能在金属表面形成薄膜，使金属与燃料油隔开。因为一些燃料油吸水，油中有少量水，会腐蚀金属。另一方面，薄膜可以保护金属表面，防止空气氧化而使金属生锈。常用的防腐蚀剂，如磷酸烷基酯、磷酸氨基酯和羧基酸酯的混合物，二元脂肪酸酯和磷酸酯的混合物等一些酯类。

十、抗烧蚀剂

抗烧蚀剂可以防止燃烧室内表面因高温燃气的气相腐蚀，即防止烧蚀形成凹坑，损坏发动机，如二硫化碳、二硫醚等。它可与燃烧室的镍铬合金中的镍在高温下生成硫化膜，附在金属表面，防止烧蚀。

十一、抗静电剂

抗静电剂可使油品的导电性提高，静电及时导出、不聚集，防止着火。当油品在快速流动时，如泵送、过滤、混合及喷出等过程中，产生静电，而油品基本不导电，静电聚集会发生放电现象，油品易燃，容易着火。常用的防静电添加剂，如有机酸的钙盐或铬盐等。

第三节　润滑油添加剂

润滑油添加剂用于提高润滑油的使用性能。

一、清净剂和分散剂

清净剂和分散剂可防止高温下生成沉淀物，或把沉淀物分散在润滑油中而不沉淀，防止生成积炭。它的作用为：①溶解作用。溶解氧化生成的中间产物，使这些物质被添加剂包围，不再进一步氧化，防止积炭的产生。②中和作用。碱性添加剂可以中和油中的酸性物质，如油氧化生成的有机酸，含硫燃料燃烧生成的 SO_2 和 SO_3 等，防止金属腐蚀及油变质。③分散作用。清净分散剂是一种表面活性剂，能吸附在胶质颗粒表面上，阻止互相黏合聚集成大颗粒而沉淀下来。图 3-4-1 为清净分散剂作用示意图。④清洁作用。添加剂对积炭有很强的吸附作用，能使沉积物变疏松，使黏附的沉积物脱落下来，分散在油中，通过油的大

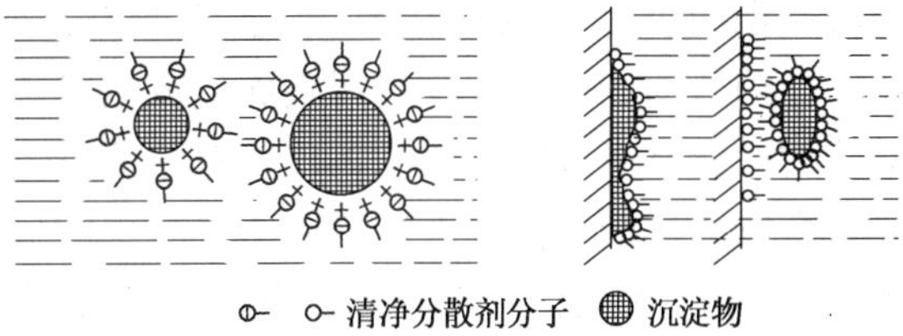

图 3-4-1　清净分散剂作用示意图

量循环和过滤，起到清洁的作用。清净分散剂是含金属的金属盐类，如钙盐和钡盐，使用中灰分多，产生磨损。后来发展不含金属的无灰添加剂，如聚异丁烯丁二酰亚胺，成本高，高温下分散性差，所以，一般两种配合使用。

二、抗氧抗腐剂

抗氧抗腐剂能提高油品的抗氧化性能，防止油品氧化而生成沉淀及酸性物质。它可以破坏自由基的形成，中断氧化链反应，达到使油品不氧化的目的，减少氧化产物对金属的腐蚀作用，有的添加剂还可钝化金属。分为薄油层和厚油层抗氧化剂，如用于厚油层的2，6-二叔丁基对甲酚，可以中断自由基；用于薄油层的二烷基二硫代磷酸锌，它分解氧化的最初产物烃基过氧化氢，并钝化金属，与金属生成硫磷化薄膜，保护金属不被腐蚀。

三、黏度指数改进剂

黏度指数改进剂用于稠化机油，以适用各种温度下黏度的需要，保证润滑作用。它是油溶性高分子化合物，相对分子质量一般为5000~50000，可增加油品的黏度，而在低温时黏度增加得不多，高温时黏度下降得小，成本较高。其作用机理是阻碍分子之间的相互运动，增加油品的黏度，在高温时，添加剂在油中的溶解度增大，高分子长链伸展开，有效容积增大，增大了分子运动的阻力；而低温下，分子链卷缩成紧密的小球，对油分子运动的阻力减小，因而油的黏度增加不大。总的来看，加黏度指数改进剂的稠化机油黏温性很好，图3-4-2是黏度指数改进剂作用示意图，表3-4-4列出了几种发动机润滑油黏度随温度的变化。常用的黏度添加剂，如聚异丁烯、聚甲基丙烯酸酯等。

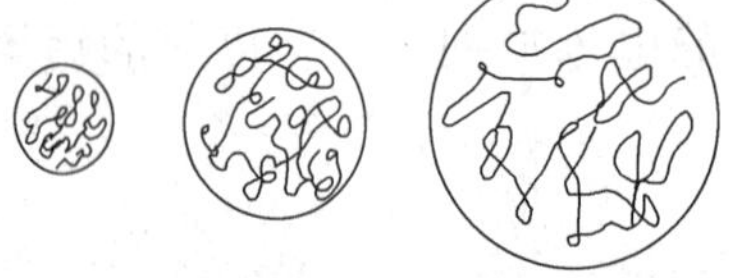

图3-4-2　黏度指数改进剂作用示意图

表3-4-4　几种发动机润滑油黏度随温度的变化

油品黏度/(mm^2/s)	150℃	125℃	100℃	50℃	0℃	-5℃	-10℃	-20℃	$v_{50℃}/v_{100℃}$	$v_{0℃}/v_{100℃}$
10#车用机油	3.5	5.6	10.4	72	2625	11358			6.9	252
6#车用机油	2.5	3.7	7.1	48	2050	3600	7049	32800	6.8	272
10#稠化机油	4.1	6.0	10.0	45	1091	1748	2886	20498	4.5	109

四、油性剂和摩擦改进剂

油性剂分子的一端是极性端，另一端是相对分子质量很大的长链，极性端牢固的吸附在金属表面，形成稳固的薄层，把两个摩擦表面隔开，防止干摩擦，如图3-4-3脂肪酸分子吸附层示意图，因此，能提高润滑油的油性，在金属表面生成油膜，起到抗磨或减小摩擦的作用。常用的油性剂有动植物油脂及高级脂肪酸，如硫化鲸鱼油、二聚酸、硫化棉籽油、苯三唑脂肪酸胺盐和油脂等。摩擦改进剂在高温下与金属结合，生成硫化铁、氯化铁、磷铁等共融物的极压薄膜，见图3-4-4金属表面化学膜示意图。这些共融物的熔点比原金属低，摩擦系数小，使金属表面凸起部分变软，受压时发生塑性流动而减少摩擦阻力。极压抗磨添加剂有二苄基二硫化物、硫化三聚丁烯、硫化异丁烯和氯化石蜡等。

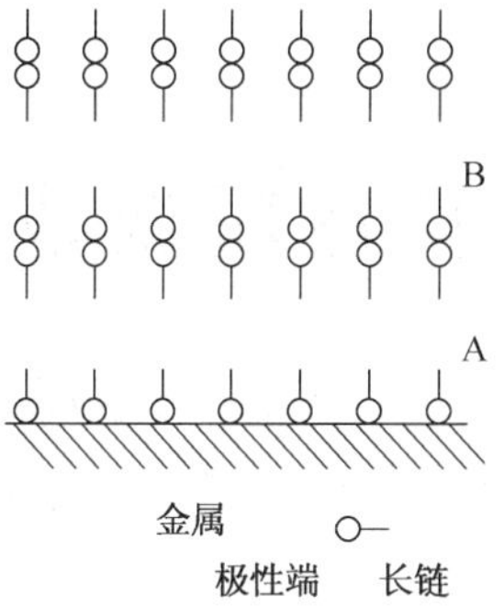

图 3-4-3　脂肪酸分子吸附层示意图

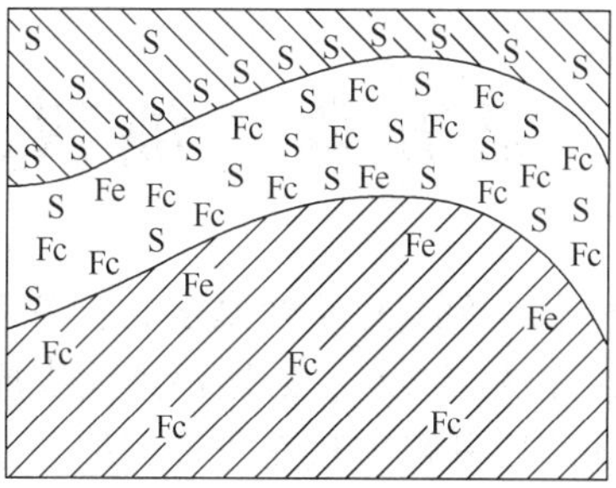

图 3-4-4　金属表面化学膜示意图

五、降凝剂

降凝剂能吸附在细小的石蜡晶核上，阻碍石蜡结晶长大，并能减弱石蜡与油之间的吸引力，使油不发生凝固，达到降低凝点的作用。因为降凝剂只是改变蜡的结晶不长大，并不减少固体烃形成结晶，所以，对浊点没有影响。另外，只对含蜡油有作用，对无蜡或少蜡油不起作用。常用的降凝剂有烷基萘、乙烯醋酸乙烯酯共聚物等。降凝剂的加入量到了一定程度后效果就不明显了，见表 3-4-5 烷基萘不同添加量的降凝效果。降凝剂要在浊点前没形成蜡结晶时加入，效果明显，如某油品加入 1% 降凝剂，38℃ 时加入，凝点可降到 -29℃；-4℃ 加入，凝点只降到 -7℃。

表 3-4-5　烷基萘不同添加量的降凝效果

油　　品	无降凝剂时的凝点/℃	加入以下数量烷基萘后的凝点/℃		
		0.5%	1.0%	1.5%
机械油	-9	-33	-35	-36
汽缸油	1	-23	-26	-28
馏分润滑油	26	—	2	—
残渣润滑油	35	—	35	—

六、防锈剂

防锈剂能吸附在金属表面形成牢固的吸附膜，防止水和空气腐蚀金属而生锈。它能溶解微量水，与水形成乳化液，同时还能中和酸性物质，防止金属生锈。常用石油磺酸盐及脂肪酸，如钡盐、钠盐，烯基丁二酸等。

七、抗泡沫剂

抗泡沫剂能吸附在泡沫表面或浸入气泡，使泡沫破裂。常用二甲基硅油等。

石油添加剂除上面提到的外，在实际中还有很多，而且发展很快，这里不再详细介绍。

第五章　油料的管理及其性质调整

石油和石油产品的品种繁多，使用范围广，影响面积大，质量要求严格，具有容易蒸发、扩散、流淌、渗漏、易被污染而变质、极易着火、爆炸等特点，所以，油料在储存运输中要求很好的质量管理和安全管理是非常重要的。

第一节　油料的质量管理

一、油品在储运中质量变化的原因

1. 蒸发

油品储存在敞口容器，保持一定温度，其蒸发将不断进行下去，甚至可能把轻质油品全部蒸发掉；若储存在密闭容器，当温度较高时，油品蒸发较大，使容器内压力增大，会造成危险，所以，油品特别是大量轻质油品，不能在完全密闭的条件下储存。实际中，油品是在半封闭状态下储存，在油罐顶部装有安全阀，由于储油罐只能承受一定范围的正压和负压，油罐顶的呼吸阀可以调节控制油罐的内压不至于过大或过小，因此，随罐顶呼吸阀的打开，油品也会有蒸发。

2. 氧化

油料在长期储存中的质量变化大都是氧化引起的。如长期储存中的汽油、喷气燃料、柴油等会生成胶质或沉淀，使油品颜色变深、实际胶质和酸度增大；润滑油酸值增加；润滑脂游离碱含量减小，出现游离酸；油品出现沉淀等。

3. 吸水

如果储油容器封闭不当，管理不善，可能混入雨雪；另外组成油品的各类烃都有一定的吸水性，能从大气中自动吸入微量水分，引起质量下降。如航空汽油和喷气燃料吸收微量水分后，使其结晶点升高，高空低温性能变差，会造成危险；汽油、煤油、柴油等含有水分，使得油中的酸性物质集于水中，增大了酸浓度，引起严重的腐蚀；钠基润滑脂吸水后，乳化变稀，失去结构形态而报废。

4. 其他原因

一些个别油料的特殊原因引起的特殊变化，如润滑脂由于储存容器过大，底部受到自身重量的压力而使网状结构改变或被破坏，造成油皂分离。另外，油料受到机械杂质等污染，造成油品变质。

二、延缓油料质量变化的措施

1. 降低储油温度，减少温差

在温度高、温差大的情况下储存油料，油品的蒸发量大、氧化速度加快，因而要设法降低温度、减小温差。选择合适的储油地点，减少日光暴晒，对于易蒸发、易氧化的油料，尽量存放在地下、半地下油库、洞库或库房中，这些地方的温度较低、温差小，既减少蒸发量，又减慢了氧化反应速度。表 3-5 -1 是存放地点对汽油实际胶质的影响。在露天存放的储油小容器，如油桶，应放在背光隐蔽的地方或地下坑道中；露天大油罐存放易挥发的油品，如汽油等，应在油罐外壁涂上银白色反光漆；尽量利用罐装，减少桶装，使容积大，受气温的影响小。

表 3-5-1　存放地点对汽油实际胶质的影响

存放地点	山　洞	树　荫　下	露　天
实际胶质/(mg/100mL)	6.2	8.2	15.8

2. 油罐应尽量装到安全容积，减少上方气体空间

为了减少蒸发损失及氧化反应，在储存油品时，根据油温变化，除留出必要的膨胀空间，应尽量装到安全容积；对长期储存而未装满的油罐，应适当合并；在零星发油时，应发完一罐，再发另一罐，以减少罐内气体空间。表 3-5-2 是装满程度对储存质量的影响。

表 3-5-2　装满程度对储存质量的影响

装满程度	酸度增长量/(mgKOH/100mL)	实际胶质增长量/(mg/100mL)
满桶	0.43~0.47	8
半桶	2.3~2.5	13.2~14.2

3. 减少倒罐、倒桶的次数

每倒装一次油料，都会增加蒸发损失。实验证明：倒装 1t 汽油，仅大呼吸就损失汽油 1.5~2kg，而且都是轻组分。倒装时，增加了油品与新鲜空气的接触，也会加速氧化。因此，应尽量避免倒装。

4. 采用适当的密封储存，减少与空气的接触

长期储存的油料，采用密封方式，既可以减少蒸发损失，又能延缓油料氧化变质速度，并能保证不至于混入水分和机械杂质。蒸发性能较强的汽油，根据储油容器的具体情况，采取相应措施，实现相对密封；柴油、润滑油和润滑脂可以完全密封。

5. 减少油料与金属的接触，防止金属催化氧化作用

金属特别是铜能大大加速油品氧化变质，如铜能使汽油胶质生成量增大 6 倍，因此，储油容器应尽可能不采用铜制零件。为了防止金属的催化氧化作用，在油罐内壁或油箱内壁涂以防锈层，可以减缓油品氧化速度，同时防止金属被腐蚀，见表 3-5-3 防锈层对汽油氧化的影响。

表 3-5-3　防锈层对汽油氧化的影响

质量指标	酸度/(mgKOH/100mL)			实际胶质/(mg/100mL)	
储存条件	油罐，有呼吸阀，涂料为生漆			密封式汽车油箱，涂料为环氧树脂	
储存时间	开始	6 个月	6 个月	开始	13 个月
有涂层	0.05	0.34	0.45	1.6	3.6~4.6
无涂层	0.05	0.42	0.72	1.6	165~222

6. 严防水分、机械杂质的混入

精心洗涤油容器，避免在风沙、雨雪气候下露天装卸油料，严格防止露天堆放桶装油料，以免油料中混入水分和机械杂质。

7. 加强质量检查，严守规章制度

在收发、储存油料中，应严格遵守有关质量管理制度。如应将大桶包装的润滑脂横放，以免因自身静压而促使其油皂分离；应定期检查不同油品的各项易变指标，随时掌握所管理油料质量变化的进程；贯彻预防为主的方针，在油料质量指标虽已变化，但尚未达到不合格之前，先发出去使用，坚持“存新发旧，优质后用”的原则，合理发放油料；掌握油库地区自然条件变化的规律和油库具体条件，采用各种切实可行的有效措施，科学地管好油料。

第二节　油料的质量检验和性质调整

油品的质量随储存时间逐渐变差，表 3-5-4 是 70#汽油储存中质量变化，所以，对长期储存的油品要定期进行质量检验，掌握所储存油料的质量情况，必须在合格的情况下及时使用或处理，否则就会造成损失。对长期储存造成油品的性质不合要求，采取质量调整的方法，主要用同牌号的好油，各质量指标都比较高的油与变质油进行混合，使油品的质量达到规格要求；再一方面，石油加工中的馏分油，或不同加工方法生产的油品进行性质调整，以达到规格要求，如要得到一定黏度的润滑油产品，而不能直接生产出来，可用黏度高的和黏度低的油，根据不同比例进行调合，以得到所需要黏度的润滑油。

表 3-5-4　70#汽油储存中质量变化

储存条件	储存时间/月	10%馏出温度/℃	实际胶质/(mg/100mL)	酸度/(mgKOH/100mL)
温度：7~48℃，有呼吸阀的露天金属油罐	质量标准	≯79	≯5	≯3
	出厂	65.5	0.4	0.28
	3	73	0.4	0.31
	6	74	10.4	0.35
	8	74	74.4	2.80
	11	75	80.6	5.44

一、油料的质量检验

油料的质量检验要根据国家标准进行检查，包括外观检查和定期检验。

1. 外观检查

表 3-5-5 列出了各类油料外观检查参考项目，一旦发现外观异常，应马上进行采样化验，看是否合格。

表 3-5-5　各类油料外观检查参考项目

油料类别	检查项目
汽油、灯用煤油、柴油、溶剂油	透明度、水分和机械杂质、色度
各种润滑油	水分、透明度、乳化情况、机械杂质、色度、气味
各种润滑脂	色度、光泽、纤维情况、硬化程度、气味、杂质、析油、乳化情况

2. 定期检验

油品入库时进行验收，做一系列的质量检验，见表 3-5-6 各种油料进库验收化验项目；在储存过程中，不同油品要做定期检验，见表 3-5-7 储存中各种油品检验周期，表3-5-8

各种油料储存中的重要检验项目，主要检验一些易变指标，与蒸发、氧化、吸水等有关的项目。

表 3-5-6　各种油料进库验收化验项目

油料名称	化验项目	油料名称	化验项目
原油	水分、密度	机械油	黏度、腐蚀
车用汽油	馏程	轧钢机油、压缩机油、汽缸油	黏度、闪点
灯用煤油	馏程、闪点、色度、烟点	汽轮机油	黏度、破乳化时间
轻柴油	馏程、凝点	变压器油及其他润滑油	黏度
农用柴油	馏程、凝点	润滑脂	滴点、锥入度、腐蚀
溶剂油	馏程、油渍试验、外观		

表 3-5-7　储存中各种油品检验周期

储存条件		检验周期	
		一般油品	质量要求严格的油品
桶装	室内	6 个月	3~6 个月
	露天	3~6 个月	–
罐装	土油池	3~6 个月	–
	钢罐	6~12 个月	3~6 个月
	地下钢罐	≥1 年	≥6 个月

表 3-5-8　各种油料储存中的重要检验项目

油料类别	检验项目
原油	水分、密度
汽油	馏程、实际胶质、腐蚀、酸度、水溶性酸或碱
灯用煤油	色度、烟点、水溶性酸或碱
轻柴油	实际胶质、酸度、腐蚀、水溶性酸或碱、凝点
溶剂油	外观、油渍试验、馏程、水溶性酸或碱、腐蚀、酸度
汽轮机油	黏度、抗乳化性
各种润滑油	黏度、酸值、水溶性酸或碱、腐蚀
电气用油	电气性能、水溶性酸或碱、凝点、闪点
润滑脂	滴点、锥入度、腐蚀

二、油品的性质调整和调合

各种油品都由各类烃组成，能相互溶解，把不同的油品进行混合，使其性质达到要求。在调合过程中，最终油品的性质与调合组分及各组分所加的比例有关，与加入各组分的顺序无关。油品调合是物理过程，没有化学变化。在调合油品前，必须进行小型实验，之后再大量调合，否则可能出现问题。如调整润滑油黏度，若所用低黏度油太轻，可能使润滑油闪点过低，若所用高黏度油太重，可能使润滑油残炭太高，油品易积炭，产品不符合要求。

1. 可加性质质量标准计算

由下面公式进行计算：

$$A=(A_1P_1+A_2P_2+\cdots+A_nP_n)/P_1+P_2+\cdots+P_n)=\sum A_iP_i/\sum P_i \qquad (3-5-1)$$

式中　A——调合油的质量标准；

A_i——调合组分 i 的质量标准；

P_i——调合组分 i 的体积分数或质量分数。

其中符合质量可加性质指标的有：硫含量、酸值、残炭、灰分等；符合体积可加性质指标的有：馏程(不包括初馏点和干点)、密度、实际胶质、酸度等。

例 3-5-1　国家标准规定，某汽油机油的残炭≯0.35%，库存 A 种汽油机油残炭为 0.40%，不符合要求，另取 B 种汽油机油残炭为 0.15%，用 A、B 调合成合格产品，使残炭为 0.30%，确定调合比？

解：油品的残炭符合质量可加，由公式可得：

$$0.30=[0.40P_A+0.15(100-P_A)]/100$$

则 $P_A=60\%$，$P_B=100\%-60\%=40\%$

即 A 油加 60%，B 油加 40%。

在实际中也可利用简便的交叉法计算：

A 甲组分指标　　　　　　　　甲组分调合比

>M 调合油指标<

B 乙组分指标　　　　　　　　乙组分调合比

则　甲组分调合比 = ｜B−M｜，乙组分调合比 = ｜A−M｜

例 3-5-2　A 批 70# 车用汽油，10%点馏出温度为 85℃，国家标准规定其 10%点馏出温度≯79℃，B 批油 10%点馏出温度为 68℃，用 A、B 调合达到标准，求调合比？

解：油品的馏程符合体积可加。首先测定汽油的馏程曲线，确定出 79℃时 A 油馏出 7%，B 油馏出 26%，用交叉法计算：

7　　　　16

10

26　　　　3

则 A∶B = 16∶3

即 $A=16/(16+3)\times100\%=84.2\%$，$B=3/(16+3)\times100\%=15.8\%$

按公式计算：

$$10=[7P_A+26(100-P_A)]/100$$

则 $P_A=84.2\%$，$P_B=15.8\%$

2. 非可加性质质量指标的计算

非可加性质质量指标的计算是根据经验公式或经验图表来求，而且求得的只能是近似值，必须再进行实际测定。非可加性质质量指标很多，这里只简单介绍几种。

(1) 辛烷值的调整。当汽油的辛烷值不合要求时，可加入高辛烷值汽油进行调整，使汽油的辛烷值符合要求。用高辛烷值汽油进行调合的计算公式如下：

$$N=(CN_1V_1+N_2V_2)/100 \tag{3-5-2}$$

式中　N——调合油的辛烷值；

N_1、N_2——分别为高辛烷值和低辛烷值调和组分油 1、2 的辛烷值；

V_1、V_2——分别为高辛烷值组分油 1 和低辛烷值组分油 2 的体积；

C——高辛烷值组分油的调合参数，表 3-5-9 高辛烷值组分的调合参数 C。

表 3-5-9　高辛烷值组分的调合参数 C

组分油名称	高辛烷值组分油/%(体积)	调和参数 C	组分油名称	高辛烷值组分油/%(体积)	调和参数 C
催化裂化汽油	15	1.21	焦化汽油	20	1.21
	30	1.10		40	1.10
	45	1.08		50	1.08
叠合汽油或热裂化汽油	10	1.18	非芳香烃	5	1.18
	20	1.10		10	1.10
	40	1.02		20	1.02

例 3-5-3　现有一批库存车用汽油，其辛烷值已从 66 降到 60，欲用辛烷值为 76 的催化裂化汽油进行调整，使其辛烷值恢复到 66，计算调和比？

解：根据经验公式，有两个未知数 V_1 和 C，需用试算法求解。

设需要 $V_1=40$(体积)的辛烷值为 76 的催化裂化汽油，则 $V_2=60$，从表 3-5-9 中查得 $C=1.09$，代入公式中得：

$$N=(40\times1.09\times76+60\times60)/100=69.14$$

69.14 比所需的辛烷值 66 大的较多，可重新设 $V_1=25$，$V_2=75$，查得 $C=1.15$，计算得到 $N=66.85$。即加入 25%(体积)的催化裂化汽油即可把辛烷值为 60 的劣质汽油辛烷值恢复到 66。

(2) 凝点的调整。首先根据各组分的凝点、50%点馏出温度，由图 3-5-1 调合油凝点计算图，查出各组分油凝点调合指数 N_i，求调合油的调合指数 N。

$$N=\sum N_iW_i \tag{3-5-3}$$

式中　W_i——各调合组分加入的质量分数,%。

再求调合油的 50%点馏出温度 t：

$$t=t_iW_i \tag{3-5-4}$$

式中　t_i——各调合组分 50%点馏出温度。

最后由 N 和 t 查图 3-5-1 调合油凝点计算图，求出凝点。

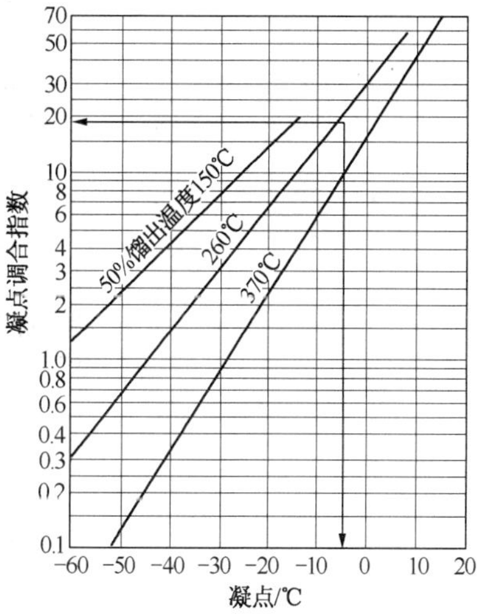

图 3-5-1　调合油凝点计算图

例 3-5-4　用直馏、热裂化和催化裂化三种轻柴油为组分油调合制取轻柴油，求调合油凝点？

各组分的凝点、50%馏出温度 t_i、调合质量分数 W_i 以及计算过程列于表 3-5-10 凝点调合计算示例中。

表 3-5-10　凝点调合计算示例

计算步骤 / 调合组分油	原始数据			1	2	3
	质量分数 W_i/%	凝点/℃	50%馏出温度 t_i/℃	调合指数 N(查图)	W_iN_i	W_it_i
直馏轻柴油	25	5	280	39	9.75	70
热裂化轻柴油	40	−10	270	13	5.20	108.0
催化裂化轻柴油	35	−15	290	7	2.45	101.5
调合油	100	(−3)	279.5	17.4	17.4	279.5

(3) 闪点的调整。闪点的调整，对于重组分中混入轻组分，如润滑油中混入汽油，闪点几乎就等于汽油的闪点，所以，这样调整的闪点没有实际意义。闪点的调整只能是闪点相接

近的油之间的调整。

① 重量法。重量法的经验公式是：

$$FP=[W_1FP_1+W_2FP_2-C(FP_1-FP_2)]/100 \qquad (3-5-5)$$

式中　FP——调合油的闪点,℃；

FP_1、FP_2——分别为高闪点和低闪点组分油的闪点,℃；

W_1、W_2——分别为高闪点和低闪点组分油的质量；

C——常数，表 3-5-11 闪点调合式中的 C 值。

表 3-5-11　闪点调合式中的 C 值

高闪点组分油/%	5	10	15	20	25	30	35	40	45	50	55	60	65	70	75	80	85	90	95
常数 C	3.3	6.5	9.2	11.9	14.5	17.0	19.4	21.7	23.9	25.9	27.6	29.0	30.0	30.3	30.4	29.2	26.0	21.0	12.0

开始调整只能用试差的方法，假设调合比，查 C 值，验算 FP，试几次就出来了。

② 查图法。由图 3-5-2 润滑油闪点计算图，把 A、B 两油的闪点找到，定出两点连线，然后根据调合比查出闪点。

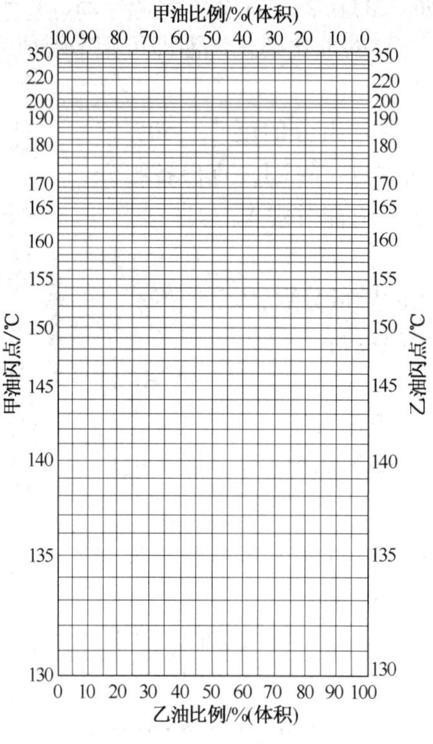

图 3-5-2　润滑油闪点计算图

例 3-5-5　将开杯闪点为 216℃和 185℃的两种汽缸油按 65 :35 比例调合，试求调合油的闪点？

解：如按重量比调合，可用经验公式计算。根据高闪点组分的质量分数 65%，从表 3-5-11查得 C=30.0，代入公式中：

$$FP=[216\times65+185\times35-30.0(216-185)]/100=202.1℃$$

计算得调合油闪点为 202.1℃。

如按体积比调合，可用查图法计算。由图 3-5-2 在甲油 100%纵坐标上标出甲油闪点

216℃的点 A，同样在乙油 100%纵坐标上标出乙油闪点 185℃的点 B，连接 A、B 点。在横坐标甲油比例为 65%处画一垂线与 AB 相交于点 C，过点 C 作水平线交于纵坐标，该点闪点值 200℃，即为调合油的闪点。

两种方法计算的闪点相差 2. 1℃。

③ 调合指数法。根据各组分调合油的闪点，由附表 6 查出闪点调合指数 FI_i，求调合油闪点调合指数：

$$FI=\sum FI_i V_i \qquad (3-5-6)$$

式中 V_i——各组分调合油的体积百分数，%。

然后再查附表 6，求调合油的闪点℉。见附表 6 中的举例。

例 3-5-6 欲用闪点分别为 130℃和 82℃的重油配制闪点为 90℃的重油，求其调合比？

解：此问题可用两种方法求解。

① 用质量法求解：

现有两个相关未知数，即调合比和常数 C，需用试算法进行计算。

先设 $W_1=30$，$W_2=70$，根据 W_1 由表 3-5-11 查得 $C=17.0$ 代入公式得：

$$FP=[30\times130+70\times82-17.0\times(130-82)]/100$$

$$FP=88.2℃$$

按初设调合比计算得调合油闪点为 88. 2℃，低于所要求的闪点(<90℃)，表明初设中轻组分即低闪点组分偏多。

再设调合比 $W_1=40$，$W_2=60$，由此 W_1 查得 $C=21.7$，再次计算得 $FP=91.1$℃。调合油闪点 91. 1℃，稍高于所要求的闪点 90℃，这是合适的。如欲使调合油闪点更接近要求值，可重新假设调合比。

由公式计算其调合比为 130℃闪点的重油占 40%，82℃闪点的重油占 60%。

② 用调合指数法求解：

根据组分油的闪点 130℃(266℉)、82℃(176. 6℉)和调合油的闪点 90℃(194℉)，从附表 6 中查得相应的闪点调合指数 FI 分别为 3. 76、40. 1 和 25. 8，组分油的体积分率分别为 V_A 和 $1-V_A$，由于组分油体积分率与相应 FI 乘积之和等于调合油的 FI，所以：

$$3.76V_A+40.1(1-V_A)=25.8$$

$$V_A=0.394$$

$$V_B=0.606$$

即体积调合比为 39. 4∶60. 6。计算结果列于表 3-5-12 中。

表 3-5-12 计算结果

组　分	体积分率 V_i	闪点/℃(℉)	调合指数 FI_i	$V_i\times FI_i$
A	V_A	130(266)	3. 76	$3.76V_A$
B	$1-V_A$	82(179. 6)	40. 1	$40.1(1-V_A)$
调合油	1. 0	90(194)	25. 8	25. 8

(4) 黏度的调整：

① 质量法：质量法经验公式如下：

$$\mu=W_1\mu_1+W_2\mu_2-K(\mu_1-\mu_2) \qquad (3-5-7)$$

式中 μ——调合油恩氏黏度，°E；

μ_1、μ_2——分别为调合组分的恩氏黏度，°E；
W_1、W_2——分别为调合组分油的质量分率，%；
K——常数，查表 3-5-13 经验公式中 K 值。

表 3-5-13　经验公式中 K 值

W_1 质量分率	0.1	0.2	0.3	0.4	0.5	0.6	0.7	0.8	0.9
W_2 质量分率	0.9	0.8	0.7	0.6	0.5	0.4	0.3	0.2	0.1
K	6.7	13.1	17.9	22.1	25.5	27.9	28.2	25.0	17.0

② 容量法。容量法经验公式如下：

$$\lg\lg(\mu+0.6)=V_1\lg\lg(\mu_1+0.6)+V_2\lg\lg(\mu_2+0.6) \tag{3-5-8}$$

或

$$\mu^{1/3}=V_1\mu_1{}^{1/3}+V_2\mu_2{}^{1/3} \tag{3-5-9}$$

式中　μ——调合油的运动黏度，mm^2/s；
μ_1、μ_2——调合组分油的运动黏度，mm^2/s；
V_1、V_2——调合组分油的体积分率，%。

③ 查图法。图 1-2-5 是石油产品混合黏度和黏温关系图，可进行同一温度下不同黏度的换算。

例 3-5-7　某重油 80℃的恩氏黏度为 6.6，试求 80℃时的运动黏度、赛氏黏度和雷氏 1 号黏度？

解：通过图 1-2-5 左方纵坐标恩氏黏度 6.6 的点，作一水平线与赛氏、雷氏 1 号和运动黏度坐标相交，其交点即为相应黏度值，得赛氏黏度为 223s，雷氏 1 号黏度为 195s，运动黏度为 $49mm^2/s$。

由此图可通过已知某油两个温度下的黏度，求任意温度下的黏度。

例 3-5-8　已知某油品在 20℃和 100℃时的运动黏度分别为 $340mm^2/s$ 和 $8mm^2/s$，试计算该油品 50℃运动黏度？

解：通过图 1-2-5 下方横坐标 20℃点作一垂直线与过纵坐标 $340mm^2/s$ 点的水平线相交于 A 点，同样由过 100℃点的垂直线与过 $8mm^2/s$ 点的水平线相交于 B 点。通过 A、B 点作一直线，直线 AB 即为此油的黏温曲线。求 50℃运动黏度，则从横坐标 50℃点作垂直线与 AB 线相交于点 C，过 C 点作水平线与运动黏度坐标相交于点 $50mm^2/s$，即此油 50℃运动黏度为 $50mm^2/s$，同时可以得到不同黏度单位的数值。

要注意黏度曲线不能作过多的外延，否则将会引起很大误差。

由该图还可以进行黏度调整计算。

例 3-5-9　50℃时恩氏黏度分别为 6.0°E 和 19.5°E 的两种重油按 60∶40 体积比调合，计算调合油 50℃时的恩氏黏度？

解：通过图 1-2-5 上方横坐标低黏度油 100%点作垂线与过恩氏黏度为 6.0°E 水平线相交于 A 点，同样，通过图上方高黏度横坐标 100%点的垂线与过恩氏黏度 19.5°E 的水平线相交于点 B，连接 A、B 得直线 AB。通过上方低黏度油横坐标为 60%点作垂线与 AB 相交于点 C。过点 C 作水平线与恩氏黏度纵坐标相较于 8.5°E，8.5°E 即为调合油 50℃时的恩氏黏度。同时在此水平线上可以得到相应的运动黏度、赛氏和雷氏 1 号黏度值。

此图还可以计算已知调合油和调合组分油黏度时的调合比。方法与上述方法类似。计算中要注意：①调合油和组分油黏度的温度和单位必须相同；②调合比是体积分数。

第三节　油料的安全管理

一、防火防爆

石油及产品是有机烃类化合物，易燃易爆，在使用时一定要注意防火防爆。闪点是控制危险程度的指标，国际规定闭杯闪点低于40℃的石油产品为易燃易爆危险品，其在常温或低温遇明火就会燃烧爆炸，如汽油、溶剂油、煤油及原油等；闪点高于40℃的油品为可燃石油产品，见表1-2-6石油产品的危险等级。另外，石油及其产品的蒸发性都很强，特别是轻质油品极易蒸发，与空气形成可燃气体，若达到一定浓度，遇明火极易着火爆炸，而且传播速度快，火焰沿油面的传播速度可达0.5～2m/s，所以，一旦着火，很快就会蔓延造成火灾。油品燃烧的发热值很高，可达30000～48000kJ/kg，在燃烧时可放出很大的热量，使温度升高，难以接近，如在394m^2敞口容器中轻柴油燃烧，10s内、距离油面5m处，火焰温度可达1100℃，油品上部的温度达400℃。这样高的温度，使油品蒸发和燃烧的速度更快，危害更大，所以防火防爆非常重要。如在有危险品的地方一定要严禁烟火；储存和运输中防止油品的渗漏，清除一切沾有易燃油料的物品；防止发动机带动油泵加油时打火及静电的产生；雷雨天不能抽油；电线不通过油罐区；油库必须装有避雷针等。

二、防静电

油品是绝缘、不导电的，所以，当电荷集聚，容易产生打火，引起火灾。在输送和加注油品时，油品与管道、阀门、容器之间摩擦，产生静电，加油速度越快，空气越干燥，油品与空气摩擦的程度越大，越易产生静电。因此，一般对储油容器、管线等，都有良好的接地措施，以便把静电导出，防止着火；要放慢加油速度，使油品流速不能太快，防止静电的产生。

三、防毒防病

有许多油品是有毒的，特别是加入添加剂的成品油，如胺类抗氧剂及环烷酸盐类等有机化合物都能对人体造成伤害；油品本身含有芳香烃对人体有较大的危害；另外，油品易蒸发，要防止空气中油蒸气超过一定的浓度，一般油蒸气在空气中的浓度要求$\ngtr$0.05mg/L，汽油蒸气要求$\ngtr$0.3mg/L，如果超过了5～10mg/L，会使人头痛，超过30～40mg/L，5～10min有生命危险。因此，要禁止用嘴吸油，避免皮肤接触，接触后及时清洗等。总之，长期接触石油产品的人要注意防毒防病。

附表

附表 1 油品密度换算表

API°	$d_{15.6}^{15.6}$	ρ^{20}/(g/cm^3)	ρ^{15}/(g/cm^3)
0	1.0760		1.0574
0.5	1.0720		1.0713
1.0	1.0679		1.0673
1.5	1.0639		1.0632
2.0	1.0599		1.0593
2.5	1.0560		1.0553
3.0	1.0520		1.0514
3.5	1.0481		1.0475
4.0	1.0443		1.0436
4.5	1.0404		1.0398
5.0	1.0366		1.0360
5.5	1.0328		1.0322
6.0	1.0291		1.0285
6.5	1.0254		1.0247
7.0	1.0217		1.0210
7.5	1.0180		1.0174
8.0	1.0143		1.0137
8.5	1.0107	1.0074	1.0101
9.0	1.0071	1.0039	1.0065
9.5	1.0035	1.0004	1.0029
10.0	1.0000	0.9968	0.9994
10.5	0.9965	0.9933	0.9959
11.0	0.9930	0.9897	0.9924
11.5	0.9895	0.9852	0.9889
12.0	0.9861	0.9828	0.9855
12.5	0.9826	0.9794	0.9821
13.0	0.9792	0.9760	0.9787
13.5	0.9759	0.9726	0.9753
14.0	0.9725	0.9692	0.9719
14.5	0.9692	0.9685	0.9686
15.0	0.9659	0.9625	0.9653
15.5	0.9626	0.9592	0.9620
16.0	0.9593	0.9560	0.9588
16.5	0.9561	0.9527	0.9555
17.0	0.9529	0.9495	0.9523
17.5	0.9497	0.9463	0.9491
18.0	0.9465	0.9430	0.9459
18.5	0.9433	0.9399	0.9428
19.0	0.9402	0.9368	0.9397
19.5	0.9371	0.9337	0.9366
20.0	0.9340	0.9306	0.9335
20.5	0.9309	0.9275	0.9304
21.0	0.9279	0.9244	0.9273
21.5	0.9248	0.9213	0.9243
22.0	0.9218	0.9183	0.9213
22.5	0.9188	0.9153	0.9183
23.0	0.9159	0.9123	0.9153

续表

API°	$d_{15.6}^{15.6}$	ρ^{20}/(g/cm^3)	ρ^{15}/(g/cm^3)
23. 5	0. 9129	0. 9094	0. 9124
24. 0	0. 9100	0. 9065	0. 9095
24. 5	0. 9071	0. 9035	0. 9065
25. 0	0. 9042	0. 9006	0. 9037
25. 5	0. 9013	0. 8977	0. 9008
26. 0	0. 8984	0. 8948	0. 8979
26. 5	0. 8956	0. 8920	0. 8951
27. 0	0. 8927	0. 8891	0. 8923
27. 5	0. 8899	0. 8864	0. 8895
28. 0	0. 8871	0. 8835	0. 8867
28. 5	0. 8844	0. 8807	0. 8839
29. 0	0. 8816	0. 8779	0. 8811
29. 5	0. 8789	0. 8752	0. 8784
30. 0	0. 8762	0. 8725	0. 8757
30. 5	0. 8735	0. 8698	0. 8730
31. 0	0. 8708	0. 8671	0. 8703
31. 5	0. 8681	0. 8642	0. 8676
32. 0	0. 8654	0. 8617	0. 8650
32. 5	0. 8628	0. 8591	0. 8624
33. 0	0. 8602	0. 8564	0. 8597
33. 5	0. 8576	0. 8538	0. 8571
34. 0	0. 8550	0. 8512	0. 8545
34. 5	0. 8524	0. 8486	0. 8520
35. 0	0. 8499	0. 8460	0. 8494
35. 5	0. 8473	0. 8435	0. 8469
36. 0	0. 8448	0. 8409	0. 8443
36. 5	0. 8423	0. 8384	0. 8418
37. 0	0. 8398	0. 8359	0. 8393
37. 5	0. 8373	0. 8335	0. 8369
38. 0	0. 8348	0. 8309	0. 8344
38. 5	0. 8324	0. 8284	0. 8319
39. 0	0. 8299	0. 8260	0. 8295
39. 5	0. 8275	0. 8236	0. 8271
40. 0	0. 8251	0. 8212	0. 8247
40. 5	0. 8227	0. 8188	0. 8223
41. 0	0. 8203	0. 8163	0. 8199
41. 5	0. 8179	0. 8139	0. 8175
42. 0	0. 8156	0. 8116	0. 8152
42. 5	0. 8132	0. 8092	0. 8128
43. 0	0. 8109	0. 8069	0. 8105
43. 5	0. 8086	0. 8046	0. 8082
44. 0	0. 8063	0. 8028	0. 8059
44. 5	0. 8040	0. 7999	0. 8036
45. 0	0. 8017	0. 7976	0. 8013
45. 5	0. 7994	0. 7954	0. 7991
46. 0	0. 7972	0. 7931	0. 7968
46. 5	0. 7949	0. 7909	0. 7946
47. 0	0. 7927	0. 7886	0. 7924
47. 5	0. 7905	0. 7864	0. 7902
48. 0	0. 7883	0. 7842	0. 7880
48. 5	0. 7861	0. 7820	0. 7858

续表

API°	$d_{15.6}^{15.6}$	ρ^{20}/(g/cm^3)	ρ^{15}/(g/cm^3)
49.0	0.7839	0.7798	0.7836
49.5	0.7818	0.7776	0.7814
50.0	0.7796	0.7755	0.7793
50.5	0.7775	0.7732	0.7771
51.0	0.7753	0.7711	0.7750
51.5	0.7732	0.7690	0.7729
52.0	0.7711	0.7669	0.7708
52.5	0.7690	0.7648	0.7687
53.0	0.7669	0.7621	0.7666
53.5	0.7649	0.7606	0.7646
54.0	0.7628	0.7585	0.7625
54.5	0.7608	0.7565	0.7605
55.0	0.7587	0.7544	0.7584
55.5	0.7567	0.7524	0.7564
56.0	0.7547	0.7504	0.7544
56.5	0.7527	0.7484	0.7524
57.0	0.7507	0.7463	0.7504
57.5	0.7487	0.7443	0.7484
58.0	0.7467	0.7423	0.7464
58.5	0.7447	0.7404	0.7445
59.0	0.7428	0.7384	0.7425
59.5	0.7408	0.7364	0.7406
60.0	0.7389	0.7345	0.7387
60.5	0.7370	0.7325	0.7367
61.0	0.7351	0.7306	0.7348
61.5	0.7332	0.7287	0.7329
62.0	0.7313	0.7268	0.7310
62.5	0.7294	0.7249	0.7291
63.0	0.7275	0.7220	0.7273
63.5	0.7256	0.7211	0.7254
64.0	0.7238	0.7192	0.7236
64.5	0.7219	0.7174	0.7217
65.0	0.7201	0.7156	0.7199
65.5	0.7183	0.7138	0.7118
66.0	0.7165	0.7119	0.7162
66.5	0.7146	0.7100	0.7144
67.0	0.7128	0.7082	0.7126
67.5	0.7111	0.7061	0.7109
68.0	0.7093	0.7047	0.7091
68.5	0.7075	0.7029	0.7073
69.0	0.7057	0.7011	0.7055
69.5	0.7040	0.6994	0.7033
70.0	0.7022	0.6975	0.7020
70.5	0.7005	0.6958	0.7003
71.0	0.6988	0.6941	0.6986
71.5	0.6970	0.6924	0.6969
72.0	0.6953	0.6907	0.6952
72.5	0.6936	0.6890	0.6935
73.0	0.6919	0.6873	0.6918
73.5	0.6902	0.6855	0.6901
74.0	0.6886	0.6838	0.6884

API°	$d_{15.6}^{15.6}$	ρ^{20}/(g/cm^3)	ρ^{15}/(g/cm^3)
74. 5	0. 6869	0. 6821	0. 6867
75. 0	0. 6852	0. 6805	0. 6851
75. 5	0. 6836	0. 6788	0. 6834
76. 0	0. 6819	0. 6772	0. 6818
76. 5	0. 6803	0. 6754	0. 6801
77. 0	0. 6786	0. 6738	0. 6785
77. 5	0. 6770	0. 6722	0. 6769
78. 0	0. 6754	0. 6706	0. 6753
78. 5	0. 6738	0. 6690	0. 6737
79. 0	0. 6722	0. 6674	0. 6721
79. 5	0. 6706	0. 6658	0. 6705
80. 0	0. 6690	0. 6641	0. 6689
80. 5	0. 6675	0. 6625	0. 6673
81. 0	0. 6659	0. 6610	0. 6658
81. 5	0. 6643	0. 6594	0. 6642
82. 0	0. 6628	0. 6578	0. 6626
82. 5	0. 6612	0. 6563	0. 6611
83. 0	0. 6597	0. 6548	0. 6596
83. 5	0. 6581	0. 6531	0. 6580
84. 0	0. 6566	0. 6516	0. 6565
84. 5	0. 6551	0. 6501	0. 6550
85. 0	0. 6536	0. 6486	0. 6535
85. 5	0. 6521	0. 6471	0. 6520
86. 0	0. 6506	0. 6456	0. 6505
86. 5	0. 6491	0. 6441	0. 6490
87. 0	0. 6476	0. 6426	0. 6475
87. 5	0. 6461	0. 6410	0. 6460
88. 0	0. 6446	0. 6396	0. 6446
88. 5	0. 6432	0. 6381	0. 6431
89. 0	0. 6417	0. 6366	0. 6416
89. 5	0. 6403	0. 6352	0. 6402
90. 0	0. 6388	0. 6337	0. 6387
90. 5	0. 6374	0. 6321	0. 6373
91. 0	0. 6360	0. 6308	0. 6359
91. 5	0. 6345	0. 6294	0. 6345
92. 0	0. 6331	0. 6279	0. 6330
92. 5	0. 6319	0. 6263	0. 6316
93. 0	0. 6303	0. 6251	0. 6302
93. 5	0. 6289	0. 6237	0. 6288
94. 0	0. 6275	0. 6222	0. 6274
94. 5	0. 6261	0. 6209	0. 6261
95. 0	0. 6247	0. 6195	0. 6247
95. 5	0. 6233	0. 6181	0. 6233
96. 0	0. 6220	0. 6167	0. 6219
96. 5	0. 6206	0. 6154	0. 6206
97. 0	0. 6193	0. 6140	0. 6192
97. 5	0. 6179	0. 6127	0. 6179
98. 0	0. 6166	0. 6112	0. 6165
98. 5	0. 6152	0. 6099	0. 6152
99. 0	0. 6139	0. 6086	0. 6139
99. 5	0. 6126	0. 6072	0. 6125
100. 0	0. 6112	0. 6059	0. 6112

附表 2　石油密度温度系数表

ρ_{20}	γ	ρ_{20}	γ
0.5993~0.6042	0.00107	0.7710~0.7772	0.00077
0.6043~0.6091	0.00106	0.7773~0.7847	0.00076
0.6092~0.6142	0.00105	0.7848~0.7917	0.00075
0.6143~0.6193	0.00104	0.7918~0.7990	0.00074
0.6194~0.6244	0.00103	0.7991~0.8063	0.00073
0.6245~0.6295	0.00102	0.8064~0.8137	0.00072
0.6296~0.6347	0.00101	0.8138~0.8213	0.00071
0.6348~0.6400	0.00100	0.8214~0.8291	0.00070
0.6401~0.6453	0.00099	0.8292~0.8270	0.00069
0.6454~0.6506	0.00098	0.8271~0.8450	0.00068
0.6507~0.6560	0.00097	0.8451~0.8533	0.00067
0.6561~0.6651	0.00096	0.8534~0.8618	0.00066
0.6652~0.6670	0.00095	0.8619~0.8704	0.00065
0.6671~0.6726	0.00094	0.8705~0.8792	0.00064
0.6727~0.6782	0.00093	0.8793~0.8884	0.00063
0.6783~0.6839	0.00092	0.8885~0.8977	0.00062
0.6840~0.6896	0.00091	0.8978~0.9073	0.00061
0.6897~0.6954	0.00090	0.9074~0.9172	0.00060
0.6955~0.7013	0.00089	0.9173~0.9276	0.00059
0.7014~0.7072	0.00088	0.9277~0.9382	0.00058
0.7073~0.7132	0.00087	0.9383~0.9492	0.00057
0.7133~0.7193	0.00086	0.9493~0.9609	0.00056
0.7194~0.7255	0.00085	0.9610~0.9729	0.00055
0.7256~0.7317	0.00084	0.9730~0.9855	0.00054
0.7318~0.7380	0.00083	0.9856~0.9951	0.00053
0.7381~0.7443	0.00082	0.9952~1.0131	0.00052
0.7444~0.7509	0.00081		
0.7510~0.7574	0.00080		
0.7575~0.7640	0.00079		
0.7641~0.7709	0.00078		

附表 3　运动黏度、恩氏黏度、赛氏黏度、雷氏黏度对照表

运动黏度/(mm^2/s)	恩氏黏度/°E	赛氏黏度/s	雷氏黏度/s
1.0	1.00		
2.0	1.14	32.6	30.95
3.0	1.22	36.0	33.45
4.0	1.30	39.2	35.95
5.0	1.40	42.3	38.45
6.0	1.48	45.5	41.05
7.0	1.56	48.7	43.70
8.0	1.65	52.0	46.35
9.0	1.74	55.4	49.10
10.0	1.83	58.8	52.00
11.0	1.92	62.3	55.00
12.0	2.02	65.9	58.10
13.0	2.12	69.6	61.30
14.0	2.21	73.4	64.55
15.0	2.32	77.2	67.90
16.0	2.43	81.1	71.40
17.0	2.54	85.1	74.85
18.0	2.64	89.2	78.45
19.0	2.75	93.3	82.10
20.0	2.87	97.5	85.75
21.0	2.98	101.7	89.50
22.0	3.10	106.0	93.25
23.0	3.21	110.3	97.05
24.0	3.33	114.6	100.9
25.0	3.45	118.9	104.7
26.0	3.57	123.3	108.6
27.0	3.69	127.7	112.5
28.0	3.82	132.1	116.5
29.0	3.94	136.5	120.4
30.0	4.07	140.9	124.4
31.0	4.19	145.3	128.3
32.0	4.32	149.7	132.3
33.0	4.44	154.2	136.3
34.0	4.57	158.7	140.2
35.0	4.69	163.2	144.2
36.0	4.82	167.7	148.2
37.0	4.95	172.2	152.2
38.0	5.08	176.7	156.2
39.0	5.20	181.2	160.3
40.0	5.33	185.7	164.3
41.0	5.46	190.2	168.3
42.0	5.59	194.7	172.3

续表

运动黏度/(mm^2/s)	恩氏黏度/°E	赛氏黏度/s	雷氏黏度/s
43.0	5.72	199.2	176.4
44.0	5.79	203.8	180.4
45.0	5.84	208.4	184.5
46.0	6.10	213.0	188.5
47.0	6.23	217.6	192.6
48.0	6.36	222.2	196.6
49.0	6.49	226.8	200.7
50.0	6.63	231.4	204.7
51.0	6.76	236.0	208.8
52.0	6.89	240.6	212.8
53.0	6.99	245.2	216.9
54.0	7.10	249.9	221.0
55.0	7.23	254.4	225.0
56.0	7.37	259.0	229.1
58.0	7.63	268.2	237.2
60.0	7.89	277.4	245.3
62.0	8.15	286.6	253.5
64.0	8.42	295.8	261.6
66.0	8.68	305.0	269.8
68.0	8.94	314.2	277.2
70.0	9.21	323.4	286.0
72.0	9.47	332.6	294.1
74.0	9.73	341.9	302.2
76.0	9.89	346.5	306.3
78.5	10.3	363.0	320.0
83.5	11.0	386.0	340.0
88.5	11.6	409.0	360.0
93.5	12.3	432.0	380.0
98.5	13.0	455.0	400.0
110.5	14.6	512.0	450.0
123.0	16.2	569.0	500.0
135.0	17.8	626.0	550.0
147.0	19.4	683.0	600.0
160.0	21.0	739.0	650.0
172.0	22.7	796.0	700.0
184.0	24.3	853.0	750.0
197.0	25.9	910.0	800.0
209.0	27.5	967.0	850.0
221.0	29.2	1024	900.0
246.0	32.4	1138	1000
270.0	35.6	1251	1100
295.0	39.0	1365	1200
320.0	42.0.	1479	1300
369.0	48.0	1706	1500

续表

运动黏度/(mm^2/s)	恩氏黏度/°E	赛氏黏度/s	雷氏黏度/s
393.0	52.0	1820	1600
442.0	58.0	2048	1800
491.0	65.0	2275	2000
540.0	71.0	2503	2200
590.0	78.0	2730	2400
639.0	84.0	2958	2600
688.0	91.0	3158	2800
737.0	97.0	3413	3000
786.0	103	3641	3200
835.0	110	3868	3400
860.0	113	3982	3500
909.0	120	4210	3700
983.0	130	4551	4000
1106	146	5119	4500
1229	162	5688	5000
1351	178	6257	5500
1474	194	6826	6000
1597	211	7395	6500
1720	227	7964	7000
1843	243	8532	7500
1966	259	9101	8000
2200	293	10000	8460
5500	734	25000	21154
11000	1467	50000	43208

附表 4　工业液体润滑剂 ISO 黏度分类(GB/T 3141—94)

ISO 黏度等级	中间点运动黏度(40℃)/(mm^2/s)	运动黏度范围(40℃)/(mm^2/s)	
		最小	最大
2	2.2	1.98	2.42
3	3.2	2.88	3.52
5	4.6	4.14	5.06
7	6.8	6.12	7.48
10	10	9.00	11.0
15	15	13.5	16.5
22	22	19.8	24.2
32	32	28.8	35.2
46	46	41.4	50.6
68	68	61.2	74.8
100	100	90.0	110
150	150	135	165
220	220	198	242
320	320	288	352
460	460	414	506
680	680	612	748
1000	1000	900	1100
1500	1500	1350	1650
2200	2200	1980	2420
3200	3200	2880	3520

附表 5　石油添加剂的分类(SH/T 0389—92)

	组　号	组　别	统一命名	代　号	化学名称
润滑剂添加剂	1	清净剂和分散剂	102 清净剂	T 102	高灰分石油磺酸钙
润滑剂添加剂	1	清净剂和分散剂	108 清净剂	T 108	硫磷化聚异丁烯钡盐
润滑剂添加剂	1	清净剂和分散剂	109 清净剂	T 109	烷基水杨酸钙
润滑剂添加剂	1	清净剂和分散剂	111 清净剂	T 111	环烷酸镁
润滑剂添加剂	1	清净剂和分散剂	151 分散剂	T 151	聚异丁烯丁二酰亚胺
润滑剂添加剂	1	清净剂和分散剂	152 分散剂	T 152	
润滑剂添加剂	2	抗氧抗腐剂	201 抗氧抗腐剂	T 201	硫磷烷基酚锌盐
润滑剂添加剂	2	抗氧抗腐剂	202 抗氧抗腐剂	T 202	硫磷化脂肪醇锌盐
润滑剂添加剂	3	极压抗磨剂	301 极压抗磨剂	T 301	氯化石蜡
润滑剂添加剂	3	极压抗磨剂	304 极压抗磨剂	T 304	亚磷酸二正丁酯
润滑剂添加剂	3	极压抗磨剂	305 极压抗磨剂	T 305	硫磷酸含氮衍生物
润滑剂添加剂	3	极压抗磨剂	321 极压抗磨剂	T 321	硫化异丁烯
润滑剂添加剂	3	极压抗磨剂	322 极压抗磨剂	T 322	二苄基二硫化物
润滑剂添加剂	3	极压抗磨剂	341 极压抗磨剂	T 341	环烷酸铅
润滑剂添加剂	4	油性剂和摩擦改进剂	401 油性剂	T 401	硫化鲸鱼油
润滑剂添加剂	4	油性剂和摩擦改进剂	402 油性剂	T 402	二聚酸
润滑剂添加剂	4	油性剂和摩擦改进剂	404 油性剂	T 404	硫化棉籽油
润滑剂添加剂	4	油性剂和摩擦改进剂	405 油性剂	T 405	
润滑剂添加剂	4	油性剂和摩擦改进剂	406 油性剂	T 406	苯三唑脂肪酸胺盐
润滑剂添加剂	5	抗氧剂和金属减活剂	501 抗氧剂	T 501	2，6-二叔丁基对甲酚
润滑剂添加剂	6	黏度指数改进剂	601 黏度指数改进剂	T601	聚正丁基乙烯基醚
润滑剂添加剂	6	黏度指数改进剂	602 黏度指数改进剂	T 602	聚甲基丙烯酸酯
润滑剂添加剂	6	黏度指数改进剂	603 黏度指数改进剂	T 603	聚异丁烯
润滑剂添加剂	7	防锈剂	701 防锈剂	T 701	石油磺酸钡
润滑剂添加剂	7	防锈剂	702 防锈剂	T 702	石油磺酸钠
润滑剂添加剂	7	防锈剂	703 防锈剂	T 703	十七烯基咪唑啉的十二烯基丁二酸盐
润滑剂添加剂	7	防锈剂	704 防锈剂	T 704	环烷酸锌
润滑剂添加剂	7	防锈剂	705 防锈剂	T 705	二壬基萘磺酸钡
润滑剂添加剂	7	防锈剂	706 防锈剂	T 706	苯并三氮唑
润滑剂添加剂	7	防锈剂	708 防锈剂	T 708	磷酸咪唑啉盐
润滑剂添加剂	7	防锈剂	743 防锈剂	T 743	氧化石油脂钡皂
润滑剂添加剂	7	防锈剂	746 防锈剂	T 746	烯基丁二酸
润滑剂添加剂	8	降凝剂	801 降凝剂	T 801	烷基萘
润滑剂添加剂	8	降凝剂	803 降凝剂	T 803	聚 α-烯烃
燃料添加剂	11	抗爆剂	1101 抗爆剂	T 1101	四乙基铅
燃料添加剂	12	金属钝化剂	1201 金属钝化剂	T 1201	*N*，*N*′-二亚水杨酸
燃料添加剂	13	防冰剂	1301 防冰剂	T 1301	二乙二醇甲醚
燃料添加剂	15	抗静电剂	1501 抗静电剂	T 1501	
燃料添加剂	16	抗磨剂	1601 抗磨剂	T 1601	二聚酸加磷酸酯
燃料添加剂	18	流动改进剂	1804 流动改进剂	T 1804	乙烯醋酸乙烯酯共聚物

附表 6 闪点调合指数表

闪点/°F	0	1	2	3	4	5	6	7	8	9
0	168000	157000	147000	137000	128000	120000	112000	105000	98600	92400
10	86600	81200	76100	67000	67000	62900	59000	55400	52100	49000
20	46000	43300	40700	38300	36100	34000	32000	30100	28400	26800
30	25200	23800	22400	21200	20000	18900	17800	16800	15900	15000
40	14200	13500	12700	12000	11400	10800	10200	9680	9170	8690
50	8240	7810	7410	7030	6670	6330	6010	5700	5420	5150
60	4890	4650	4420	4200	4000	3800	3620	3441	3280	3120
70	2970	2830	2700	2700	2450	2330	2230	2120	2020	1930
80	1840	1760	1680	1600	1530	1460	1400	1340	1280	1220
90	1170	1120	1070	1020	978	935	896	857	821	786
100	753	722	692	662	635	609	584	560	537	515
110	495	475	456	438	420	404	388	372	358	344
120	331	318	305	294	283	272	261	252	242	233
130	224	216	208	200	193	186	179	172	166	160
140	154	149	144	134	134	129	124	120	116	112
150	108	104	101	97. 1	93. 8	90. 6	87. 5	84. 6	81. 7	79. 0
160	76. 3	73. 8	71. 4	69. 0	66. 7	64. 5	62. 4	60. 4	58. 4	56. 5
170	54. 7	52. 9	51. 3	49. 6	48. 0	46. 5	45. 1	43. 6	42. 3	40. 9
180	39. 7	38. 4	37. 3	36. 1	35. 0	33. 9	32. 9	31. 9	30. 9	30. 0
190	29. 1	28. 2	27. 4	26. 6	25. 8	25. 0	24. 3	23. 6	22. 9	22. 2
200	21. 6	20. 9	20. 3	19. 7	19. 2	18. 6	18. 1	17. 6	17. 1	16. 6
210	16. 1	15. 7	15. 2	14. 8	14. 4	14. 0	13. 6	13. 3	12. 9	12. 5
220	12. 2	11. 9	11. 6	11. 2	10. 9	10. 6	10. 4	10. 1	9. 82	9. 56
230	9. 31	9. 07	8. 83	8. 60	8. 37	8. 16	7. 95	7. 74	7. 55	7. 35
240	7. 16	6. 98	6. 80	6. 63	6. 47	6. 30	6. 15	5. 99	5. 84	5. 70
250	5. 56	5. 42	5. 29	5. 16	5. 03	4. 91	4. 79	4. 68	4. 56	4. 45
260	4. 35	4. 24	4. 14	4. 04	3. 95	3. 86	3. 76	3. 68	3. 59	3. 51
270	3. 43	3. 35	3. 27	3. 19	3. 12	3. 05	2. 98	2. 91	2. 85	2. 78
280	2. 72	2. 66	2. 60	2. 54	2. 48	2. 34	2. 37	2. 32	2. 27	2. 22
290	2. 17	2. 12	2. 08	2. 03	1. 99	1. 95	1. 90	1. 86	1. 82	1. 79
300	1. 75	1. 41	1. 15	0. 943	0. 777	0. 643	0. 535	0. 448	0. 376	0. 317
400	0. 269	0. 229	0. 196	0. 168	0. 145	0. 125	0. 108	0. 094	0. 082	0. 072
500	0, 063	0. 056	0. 049	0. 044	0. 039	0. 035	0. 031	0. 028	0. 025	0. 022

注：本表适用于开口杯法闪点之间或闭口杯法闪点之间的调合。

	组分	体积分率	闪点/°F	调合指数	体积分率×调合指数
举例	A	0. 30	100	753	226
	B	0. 10	90	1170	117
	C	0. 60	130	224	134
	调合油	1. 00	111	477	477

参 考 文 献

1 中国石油化工股份有限公司科技开发部．石油产品国家标准汇编2005. 北京：中国标准出版社，2005
2 中国石油化工股份有限公司科技开发部．石油产品行业标准汇编2005. 北京：中国石化出版社，2005
3 国家标准化管理委员会．国家标准代替废止目录2005. 北京：中国标准出版社，2005
4 寿德清．储运油料学．东营：石油大学出版社，1998
5 林世雄．石油炼制工程．第三版．北京：石油工业出版社，2000
6 廖克俭，戴跃玲．石油化工分析．北京：化学工业出版社，2005
7 吴世逵．石油储运基础知识．北京：中国石化出版社，2006
8 高鸿宾．有机化学．第四版．北京：高等教育出版社，2005
9 邬国英等．石油化工概论．第二版．北京：中国石化出版社，2006
10 周亚松．石油加工与油料学．北京：石油工业出版社，2008
11 熊云等．储运油品学．北京：中国石化出版社，2010
12 沈本贤等．石油炼制工艺学．北京：中国石化出版社，2009

参考文献

1. [illegible]
2. [illegible]
3. [illegible]
4. [illegible]
5. [illegible]
6. [illegible]
7. [illegible]
8. [illegible]
9. [illegible]
10. [illegible]
11. [illegible]
12. [illegible]